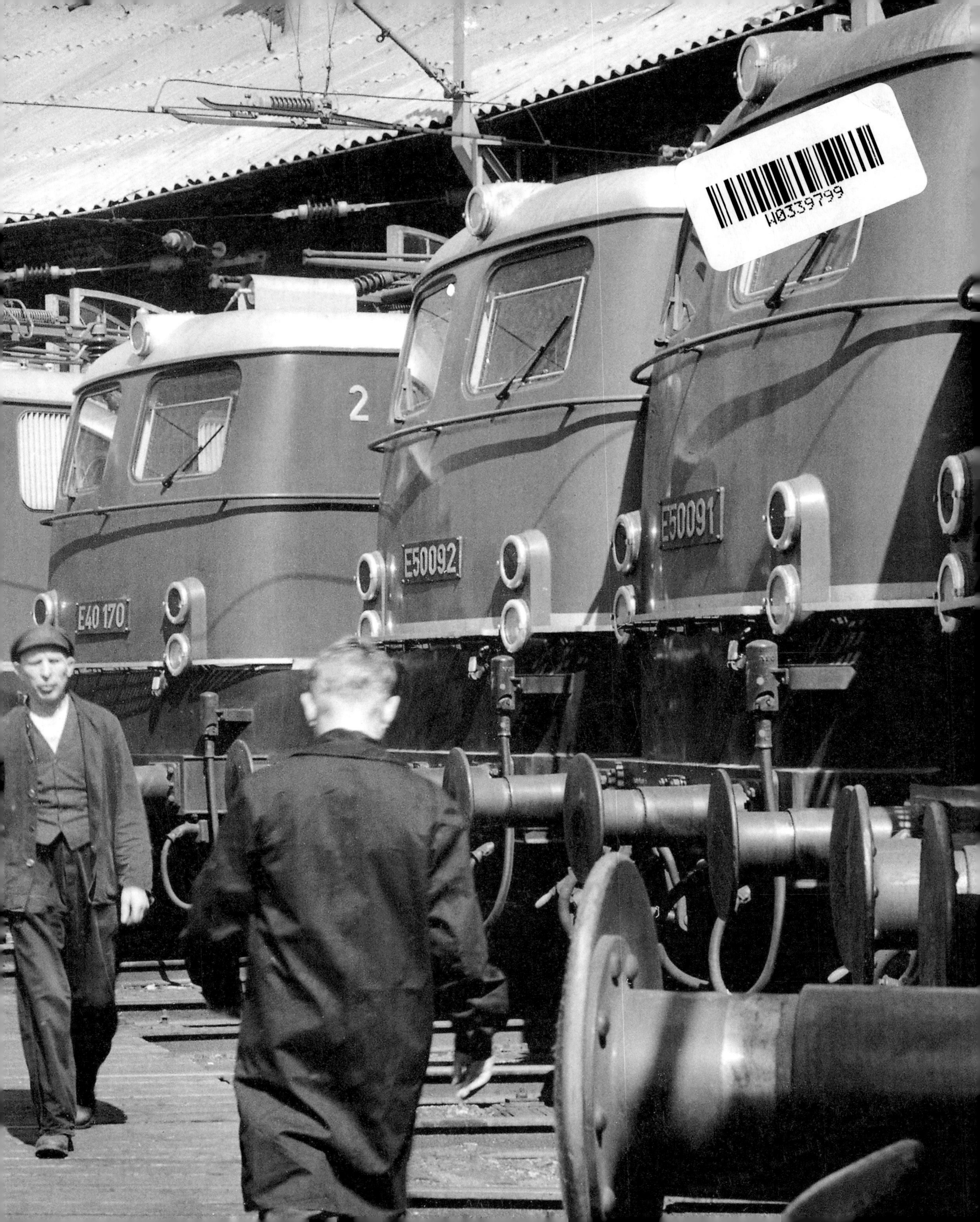

W0339799

Die legendären Einheits-Elloks

Mit 1934 Lokomotiven prägten die Einheitselloks das Bild der Deutschen Bundesbahn wie keine andere Lokomotiventwicklung (Frankfurt (Main) Hbf, 17. Dezember 1983).

Die legendären Einheits-Elloks

Malte Werning

GeraMond

Impressum

Unser komplettes Programm:
www.geramond.de

Produktmanagement: Dr. Wolf Kulke
Satz: Elke Mader, München
Lektorat: Thilo Kreier, Blaichach
Repro: Cromika, Verona
Umschlaggestaltung: Jarzina Kommunikationsdesign, Holzkirchen unter Verwendung einer Abbildung von Dietmar Beckmann
Herstellung: Anna Katavic, Barbara Uhlig
Printed in Italy by Printer Trento

Alle Angaben dieses Werkes wurden von den Autoren sorgfältig recherchiert und auf den aktuellen Stand gebracht sowie vom Verlag geprüft. Für die Richtigkeit der Angaben kann jedoch keine Haftung übernommen werden. Für Hinweise und Anregungen sind wir jederzeit dankbar. Bitte richten Sie diese an:

GeraMond Verlag
Lektorat
Postfach 40 02 09
D-80702 München
E-Mail: lektorat@verlagshaus.de

Die Deutsche Nationalbibliothek verzeichnet diese Publikation in der Deutschen Nationalbibliografie; detaillierte bibliografische Daten sind im Internet über http://dnb.d-nb.de abrufbar.

© 2012 GeraMond Verlag GmbH, München
ISBN 978-3-86245-140-1

Literaturverzeichnis

Budde, Ulrich: www.bundesbahnzeit.de
Hertwig, Roland: Die Einheitselloks der DB, E10, E40, E41, E50. Band 1 und 2. Freiburg 1995.
Hierl, Konrad / Ritz, Andreas: Die Elektrolokomotiven bei der DB. Stuttgart 1985
Koschinski, Konrad: E 10. Eisenbahn Journal Extra 1/2010.
Werning, Malte: Mehrfrequenz-Loks – Die Baureihe E 320. In: Lok-Magazin 8/2001
Versch.: 50 Jahre Einheits-Ellok. Bahn-Extra 3/2002.

Bildnachweis

Archiv Helmut Brinker 84
Werkfoto BBC / Archiv Ulrich Budde 22
Archiv GeraNova 7, 13 oben, 13 unten, 14, 15, 20, 44, 45 unten, 48, 52, 53, 54, 55, 62, 85 unten, 89, Nachsatz
Archiv Andreas Kabelitz 19, 24, 49, 76, 78, 96, 113
Archiv Dr. Brian Rampp Vorsatz, 9, 86, 130, 131, 136
Dr. Beckmann, Dietmar Titelbild, 29, 39, 95, 100
Budde, Ulrich 10/11, 16, 17, 18, 25, 30, 65, 80, 88, 90, 93, 112/113, 118, 128, 132, 133, 134
Bildarchiv der Eisenbahnstiftung 46, 47, 50/51, 63, 85 oben, 87
Hubrich, Michael 21, 26, 27, 32, 43, 56, 57, 60, 70, 71, 73, 79, 94, 97, 105, 114, 115, 122, 123, 127
Schrader, Sebastian 40, 82
Seyferth, Joachim 2, 23, 28, 36, 42, 64, 91, 98, 103, 116, 117, 119, 120
Werning, Malte 4, 31, 33, 34, 35, 37, 38, 41, 45 oben, 58, 59, 61, 66, 67, 68, 69, 72, 74, 75, 77, 81, 83, 92, 99, 101, 102, 104, 106, 107, 108, 109, 110, 111, 121, 124, 125, 126, 129, 135.

Inhalt

Vorwort

Wenn dieses Buch erscheint, haben die Einheitselloks bei der Deutschen Bahn AG fast das Ende ihrer aktiven Dienstzeit erreicht. Die E 50 fährt schon seit einigen Jahren nicht mehr, die E 41 hat sich aus dem Nahverkehr verabschiedet. Nur eine Handvoll E 10 und E 40 sind nach wie vor unermüdlich im Einsatz und stopfen die Lücken, die sich aus verschiedensten Gründen bei den Tochterunternehmen der Deutschen Bahn AG nicht schließen lassen. Doch die Tage der Einheitselloks sind gezählt – es ist kaum davon auszugehen, dass nennenswerte Einsätze bei der Deutschen Bahn AG noch über das Jahr 2013 hinausgehen. Die Ära der Einheitselloks, die seit Mitte der 1950er-Jahre das Gesicht der Deutschen Bundesbahn geprägt haben, ist nahezu vorbei. Modernere und effizienter arbeitende Drehstromloks wie die Maschinen der TRAXX-Familie von Bombardier (Baureihen 145, 146, 185, 186, 246) oder die Siemens-Loks der Eurosprinter-Familie 152, 182 oder 189 haben die Aufgaben übernommen und bilden eine ganz eigene Lokomotivgeneration. Doch ganz Abschied nehmen muss man von den unermüdlichen Maschinen nicht. So werden einige Loks weiterhin durch verschiedene Initiativen als betriebsfähige Museumsloks zu sehen sein, andererseits werden ganz aktuell mehrere 139 und 140 an andere Eisenbahnverkehrsunternehmen verkauft, die die Loks noch einige Jahre einsetzen wollen. So werden uns bald die ersten E 40 im ungewohnten Blau begegnen.

Die Einheitselloks der 1950er-Jahre entstammen dem alten Wunschtraum einer „Universallokomotive" – einer Konstruktion, mit der sich vom leichten Güterzug bis hin zum schweren Schnellzug nahezu jede Zugart bewegen lässt und die – in großer Stückzahl produziert – vor allem die Werkstätten und deren Ersatzteilhaltung deutlich entlastet. Heute ist man im Zeitalter der Drehstromlokomotiven diesem Ideal ein Stückchen nähergekommen, doch in den 1950er-Jahren war es alsbald klar, dass für die Abdeckung der wichtigsten Tätigkeitsfelder doch vier verschiedene Grundtypen neuer Elektroloks sein mussten. Doch diese sollten so weit wie möglich technisch aneinander angeglichen werden – zahlreiche Bauteile waren zwischen den einzelnen Typen deshalb beliebig tauschbar.

In diesem Buch soll es aber nur am Rande um die Technik gehen – dazu sind bereits genügend Publikationen erschienen. Wir wollen uns vielmehr den weit weniger einheitlichen Aspekten dieser Loks widmen, die sie für die Kameras so attraktiv machten. Denn kaum eine Einheitsellok war genau wie die andere. In den 18 Fertigungsjahren zwischen 1956 und 1973 wurden 1939 Loks ge-

baut und so manches Bauteil optimiert. Ob es Griffstangen, Lüftergitter, Regenrinnen oder zahlreiche Lackierungsvarianten sind, die sich im Laufe der Zeit änderten – die Einheitselloks hatten viele Gesichter. Und diese wollen wir auf den nachfolgenden Seiten zeigen.

Und da wir uns vor allem auf Äußerlichkeiten konzentrieren, werden uns in diesem Buch auch die vier Zweifrequenzloks der Reihen E 320 und E 344 (Baureihen 182 und 183) begegnen, bei denen es sich jedenfalls in technischer Hinsicht definitiv um keine Einheitselloks handelt. Doch ihr Lokkasten, der dem der Einheitsellok-Produktion entstammt, zeigt zumindest in dieser Hinsicht eine gewisse Verwandschaft.

Der Autor dankt den Fotografen, die für diese Buch Ihre wertvollen Aufnahmen beisteuerten, für ihre Hilfe bei der Zusammenstellung dieses Bildbandes. Besonderer Dank geht an Ulrich Budde, der das Manuskript kritisch gegenlas. Ich wünsche allen Lesern viel Spaß bei der kleinen Deutschlandreise mit den Einheitselloks.

Malte Werning,
Duisburg, im Frühjahr 2012

E 10 1265 gehört zu den ersten „Rheingold"-Loks von 1962 und ist die erste mit der abgeänderten „Bügelfalten"-Front. Am 20. September 1966 rauscht die Lok mit TEE 22 durch den Bahnhof Bingerbrück.

Die Stärken der Einheit

Das Entstehen eines neuen Typenprogramms

Die Deutsche Reichsbahn baute in den 1930er-Jahren das in Bayern bereits zu Länderbahnzeiten entstandene elektrische Netz weiter aus. 1933 erreichte der von München kommende Fahrdraht erstmals Stuttgart, wo das Netz der Vorortbahnen elektrifiziert wurde. 1942 konnte über Nürnberg und Saalfeld das mitteldeutsche Netz an das süddeutsche angeschlossen werden, wenngleich dieser Betrieb wenige Jahre später durch die deutsche Teilung wieder unterbrochen wurde. In den 1930er-Jahren machte die Entwicklung elektrischer Lokomotiven deshalb nicht zuletzt wegen des steigenden Lokomotivbedarfs beachtliche Fortschritte.

Nach dem Zweiten Weltkrieg verblieben in den drei westlichen Besatzungszonen nicht ganz 500 elektrische Lokomotiven, von denen aber nur ein geringer Teil einsatzfähig war. Nach 1947 begannen in den Werkstätten umfangreiche Reparaturarbeiten, um den vorhandenen Fahrzeugpark – so gut es ging – wieder einsatzfähig zu machen. Zeit und Kapazitäten für weitreichende Neuentwicklungen gab es nicht, stattdessen wurde der während des Krieges abgebrochene Bau einiger Loks mit bereits vorhandenen Teilen weitergeführt, oder es wurde aus mehreren beschädigten Maschinen ein funktionstüchtiges Exemplar hergestellt. In diesen Jahren leisteten die Werkstätten der Reichsbahn und die zögerlich wiederbelebte Lokomotivindustrie Unglaubliches.

Dennoch deckten die nach der Gründung der Deutschen Bundesbahn (DB) 1949 vorhandenen betriebsfähigen Elektrolokomotiven nicht den Bedarf und waren oft schon wieder technisch überholt. Man befand sich an einem Scheideweg: Es gab zahlreiche Überlegungen, die bestens bewährten Baureihen E 18, E 44 und E 94, die weitgehend das angeforderte Leistungsspektrum abdeckten, in zeitgemäßer Form neu aufzulegen – oder aber generell eine völlig neuentwickelte Fahrzeuggeneration ins Leben zu rufen, die verschiedene technischen Neuerungen aufgreifen würde. Doch die Schaffung eines solchen Entwicklungssprungs ist immer teuer und zeitraubend. Übergangshalber wurden tatsächlich noch einzelne Loks der älteren Typen nachgebaut und die E 94 sogar in einer Serie über 43 Loks neu aufgelegt.

DAS PROJEKT E 46

Bereits während des Zweiten Weltkrieges arbeitete die Reichsbahn (DR) an einer Bo'Bo'-Universallok, die auf der sehr gelungenen E 44 basierte. Die junge DB griff die Planungen wieder auf und vergab noch 1949 einen Entwicklungsauftrag an die Lokomotivindustrie. Im darauffolgenden Jahr wurde ein Auftrag zum Bau von fünf Prototypen erteilt. Neue Bedarfsberechnungen rechtfertigten mittlerweile diese Neukonstruktion, denn ehrgeizige Pläne der DB zu einer weitreichenden Streckenelektrifizierung aller bedeutenden Hauptstrecken auf ihrem Streckennetz sollten den Bedarf elektrischer Loks enorm in die Höhe treiben.

Anders als bei den E 44 sollte die Zugkraftübertragung über den Rahmen des Lokkastens und nicht mehr über die Drehgestelle erfolgen. Als Universallok hätte sie praktisch alle Zugarten bewältigen können, lediglich für den schwersten Güterverkehr setzte die DB weiterhin auf sechsachsige Konstruktionen (wie die bewährte E 94).

Das Lastenheft für die E 46 sah eine Höchstgeschwindigkeit von 125 km/h und die Förderung 700 Tonnen schwerer Schnellzüge mit 90 km/h auf zehn Promille Steigung vor, zudem 1.300 Tonnen Last mit 70 km/h auf fünf Promille Steigung. Diese Anforderungen steigerten sich im Laufe der Entwicklung zunehmend und bald wurde die Projektbezeichnung für die mittlerweile für 130 km/h ausgelegte Lok in E 10 geändert. Der Gedanke zur Schaffung einer Universallok, den das E 46-Projekt stets begleitete, wurde kurz vor der Auslieferung der Probeloks wieder auf Eis gelegt. Das Leistungsprofil, das diese Lok erbringen sollte, nämlich vom Lokalverkehr auf Nebenstrecken bis zum schweren hochwertigen Schnellzugdienst, ließ die Umsetzung in einer einzigen und recht teuren Lokomotivtype unwirtschaftlich und auch technisch zu schwierig erscheinen.

DAS TYPENPROGRAMM DER EINHEITSELLOKS

Die fünf Erprobungsloks befanden sich in der Fertigstellung, als Ende 1952 aus dem Projekt ein Typenprogramm entwickelt wurde: Zunächst sollten drei Baureihen das gesamte Leistungsprofil abdecken: Eine zur Serienreife gelangende E 10 als Mehrzwecklok, die E 41 als eine kleinere und deutlich preiswerte Lok für den leichten Personenverkehr und die sechsachsige E 50 für den schweren Güterzugdienst. Erst im Laufe der Feinplanung entschieden sich die Verantwortlichen, die E 10 als Schnellzuglok sogar bis zu 150 km/h zu planen und eine Variante mit geänderter Getriebeübersetzung als E 40 für den schweren Güterzugdienst im Flachland vorzusehen. Dadurch wurde eine angedachte sechsachsige E 01 für Geschwindigkeiten von 160 km/h und mehr rasch wieder verworfen.

In den Jahren 1956-1973 wurden insgesamt 1.934 Einheitselloks dieses Typenprogramms gebaut, bei dem mehr als 100 Bauteile vereinheitlicht werden konnten. Der große Erfolg dieser Lokomotiven ist sicherlich den gut durchdachten Konstruktionsplanungen zu verdanken. Rund 35 Prozent aller Bauteile wurden bei allen Baureihen einheitlich ausgeführt, womit auch die herstellenden Firmen gleichmäßig berücksichtigt und Synergieeffekte genutzt werden konnten. Und letztlich war es so auch für die DB-Werkstätten leichter, die Loks zu unterhalten.

1960/61: Anhand solcher Lokmodelle arbeiteten Deutsche Bundesbahn und Krauss-Maffei am Design der „Rheingold"-Version der E 10. Die Modelle waren Handarbeit, weswegen aus Gründen der Vereinfachung nur eine Kopfform dargestellt wurde.

Baureihe	Achsfolge	Höchstgeschwindigkeit	Dauerleistung	Dienstgewicht	Einsatzgebiet
E 10	Bo'Bo'	150 km/h	3.700 kW	85 t	Schnellzüge
E 40	Bo'Bo'	100 km/h	3.700 kW	83 t	mittelschwere Güterzüge
E 41	Bo'Bo'	120 km/h	2.400 kW	66 t	leichte Züge
E 50	Co'Co'	100 km/h	4.500 kW	125/128 t	schwere Güterzüge

GENERATIONEN von Einheitselloks: Die Vorserienlok 110 005 begegnet am 3. Juni 1973 im Nürnberger Hauptbahnhof ihrer fast genau 20 Jahre jüngeren „Enkelin" und zum Aufnahmezeitpunkt noch fast fabrikneuen 140 852. Die blaue Oldtimerin wird den Eilzug 1914 nach Coburg ziehen, während ihre grüne Kollegin mit dem Personenzug 4321 nach Schwabach laufen wird. Die wendezugfähigen 140 der letzten Bauserie übernahmen in den 1970er-Jahren einen Großteil des Vorortnahverkehrs rund um die Frankenmetropole. Beide Loks wurden bei Henschel in Kassel gebaut. Die drei Erprobungsloks E 10 003, 004 und 005 sind allesamt Produkte aus Kassel. Die E 10 004 und 005 waren weitgehend baugleich und besaßen den Secheron-Lamellenantrieb, während E 10 003 den SSW-Gummiringfederan-

trieb erhielt, der später in den Serienloks verwendet wurde. In den 1970er-Jahren waren die Loks längst Exoten im Betriebspark der DB und wurden ausschließlich von Nürnberg aus eingesetzt. Die zahlreichen Bauartabweichungen zu den Serienloks machten nicht nur die Ersatzteilhaltung und Wartung, sondern auch die Lokführereinsatzplanung schwierig – die Vorserienloks benötigten schließlich Personal mit eigener Einweisung. 110 005 wurde 1979 ausgemustert, blieb aber als Museumslok erhalten und befindet sich seit 1988 als Dauerleihgabe der DB im Bayerischen Eisenbahnmuseum in Nördlingen. Neben ihr ist auch die Krupp-Lok 110 002 im DB-Museum erhalten geblieben und erinnert an die Geburtsstunde der Einheitselloks.

Erlkönige

E 10.0: Die Vorserienloks

Im November 1950 gab die DB insgesamt vier Erprobungs- und Versuchsloks bei unterschiedlichen Herstellern in Auftrag, die verschiedene Komponenten erproben sollten. Die Höchstgeschwindigkeit wurde nun bereits mit 130 km/h festgelegt und die Baureihenbezeichnung auf E 10 abgeändert. Sinn und Zweck dieser Loks war es vornehmlich, Erkenntnisse über die Eignung verschiedener Antriebskonzepte zu sammeln. Folgende Loks wurden bestellt (s. Tabelle unten).Noch im Dezember 1950 ergänzte die DB ihre Bestellung um die E 10 005, die ebenfalls von Henschel und AEG geliefert wurde und weitgehend der 004 entsprach.

EIN NEUES ERSCHEINUNGSBILD

Zwischen August 1952 und März 1953 lieferten die Hersteller die neuen Lokomotiven aus, die im attraktiven stahlblauen Lack ein gänzlich neues Erscheinungsbild abgaben – die DB führte das Blau für Schnellzuglokomotiven eigentlich erst wenige Jahre später ein. Während die Probelok E 10 005 direkt nach Ablieferung in den regulären Zugdienst wanderte, um Praxisvergleiche mit der E 18 zu ziehen, wurden die übrigen vier Loks zunächst zu umfangreichen Mess- und Versuchsfahrten herangezogen. In allen Maschinen wurden verschiedene Komponenten verwendet, wobei vor allem im Bereich des Antriebs sowohl auf altbewährte wie auch neu entwickelte und unerprobte Teile zurückgegriffen wurde. Bei der Reichsbahn hatte sich die Niederspannungssteuerung bewährt, die auch in E 10 001 und E 10 003 verwendet wurde. Die übrigen Loks erhielten neue Hochspannungssteuerungen, die z.T. bereits in der E 94 getestet wurden.

Bei den E 10-Prototypen konnten die Firmen weitgehend ihre eigenen Vorstellung umsetzen. Die zeigte sich auch in der Optik der Loks, wobei sich die E 10 001 am deutlichsten durch ein abweichendes Äußeres von den anderen Prototypen unterschied: Sie erhielt eine „flachbrüstige" Stirnfront und weit auseinanderstehende Loklaternen. Die übrigen Maschinen orientierten sich äußerlich noch entfernt an die E 18/E 19 und besaßen große, in die Fronten eingelassene Laternen. Während die von Krupp gebaute E 10 002 dem Lokführer ein Seitenfenster und drei gleich große Frontfenster gönnte, wurde bei den übrigen Loks das mittlere Frontfenster kleiner ausgeführt. Die 002 kam mit sechs Maschinenraumöffnungen für Fenster und Lüfter aus, während 001, 004 und 005 acht besaßen. „Spitzenreiter" war E 10 003 mit ganzen zehn Öffnungen je Lokseite. Die Erprobungsloks unterschieden sich in vielen

Nummer	Hersteller Mech.	Hersteller Elektrik	Antrieb
E 10 001	Krauss-Maffei	AEG	Alsthom-Antrieb („tanzender Ring")
E 10 002	Krupp	BBC	Scheiben-Antrieb
E 10 003	Henschel	SSW	Siemens Gummiringfeder-Antrieb
E 10 004	Henschel	BBC und AEG	Sécheron-Antrieb (Lamellen)

Die von Krauss-Maffei gebaute E 10 001 wurde im Dezember 1952 fertiggestellt und im März 1953 bei der DB abgenommen. Auffällig sind die weit auseinanderstehenden großen Loklampen.

äußeren Details, ihnen lag aber eine weitgehend einheitliche Grundkonzeption zugrunde. Basis war ein leichter Brückenrahmen, der gemeinsam mit den Seitenwänden und dem Dach einen selbsttragenden Kasten bildete, welcher unter den damaligen Maßstäben durchaus als Leichtbaukonstruktion bezeichnet werden konnte. Auf die bislang bei den Drehgestellloks verwendeten Vorbauten verzichtete man nun gänzlich, wie es auch bereits bei den wenige Jahre zuvor erschienenen Ae 4/4 der Bern-Lötschberg-Simplon-Bahn und der Re 4/4 der SBB der Fall war. Technische Neuerungen waren auch die Wendezug- und Vielfachsteuerung bei den Loks, die kurz zuvor mit der Baureihe E 44 im Großraum München getestet worden war.

Bis Mitte 1954 dauerte das Mess- und Testprogramm an, als die DB sich auf ihr zukünftiges Typenprogramm festlegte.

DIE WEGE DER ERLKÖNIGE

Die fünf Probeloks bewährten sich gut und konnten wertvolle Erkenntnisse liefern, die in die Serienfertigung der Einheitselloks einflossen. Obwohl die nicht ganz einfache Ersatzteilbeschaffung der Einzelgänger verständlicherweise immer wieder zu längeren Ausfallzeiten führte, waren die Maschinen noch über 20 Jahre lang von Nürnberg aus im Einsatz. Zu ihren „Revieren" gehörte anfänglich der hochwertige Reisezugverkehr auf der Magistrale Frankfurt (M) – Nürnberg – Regensburg bis nach Passau. Später wanderten sie (nicht zuletzt wegen des nur in Nürnberg entsprechend geschulten Personals) in den Eilzugdienst ab und wurden vornehmlich auf der Frankenwaldstrecke Nürnberg – Bamberg – Coburg – (Probstzella) und mit untergeordneten Leistungen nach Würzburg und Treuchtlingen eingesetzt. Ab 1968 wurden die Loks als 110 001 bis 110 005 durchnummeriert.

Als erste quittierte die 110 001 im April 1975 ihren Dienst. 110 003 und 004 folgten 1976, bis 1977 und 1978 auch mit 110 002 und 005 die letzten beiden Exemplare abgestellt wurden. Glücklicherweise blieben die beiden letztgenannten Maschinen erhalten und befinden sich im Eigentum des DB Museums.

Der Lokkasten der E 10 001 im Rohbau (1952).

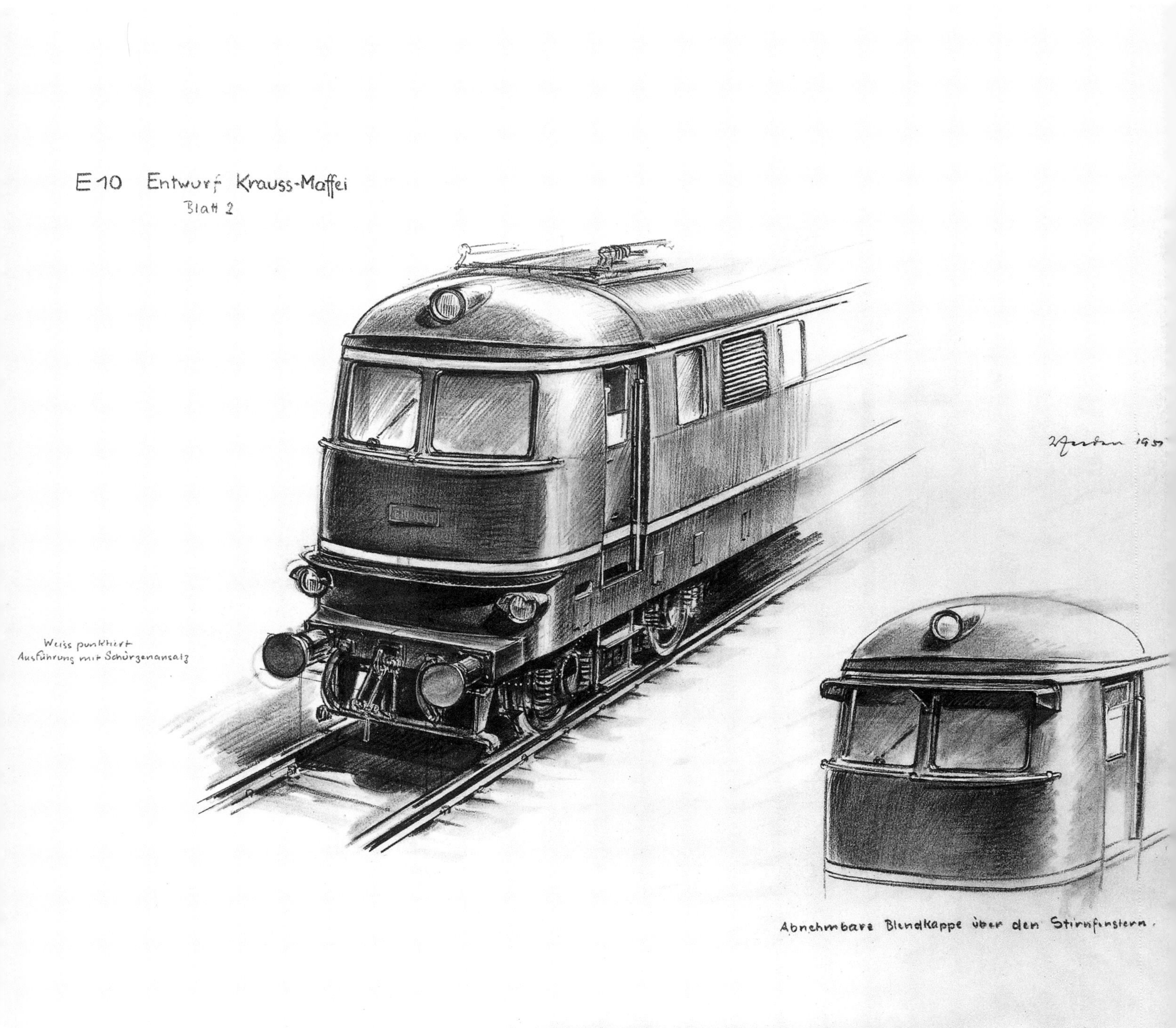

AUS HEUTIGER SICHT sind die Konzeptzeichnungen von Krauss-Maffei für das künftige Erscheinungsbild der deutschen Einheitselloks von besonderem Interesse. Auf diesen Skizzen ist die endgültige Form der E 10 001 noch nicht abschließend gefunden. Bemerkenswert ist aber das bereits damals vorgesehene dritte Spitzenlicht, das erst ab September 1957 verbindlich vorgeschrieben wurde. Letztlich wurde die tatsächlich realisierte Lok noch ganz ohne drittes Spitzenlicht ausgeliefert und dieses erst später nachgerüstet. Besondere Beachtung verdient die abnehmbare „Blendkappe" über den Führerraumfenstern, um störende Lichtreflexe zu vermeiden. Solche Blenden wurden bei zahlreichen Vorkriegselloks noch fest angebaut. Die endgültigen Einheitselloks kamen dagegen ganz ohne aus.

DIE FERTIGGESTELLTE Lokomotive auf einem Werkfoto von Krauss-Maffei im Jahre 1952. Das Fabrikschild des stolzen Herstellers prangt gemeinsam mit dem von der AEG, welche den elektrischen Teil zusteuerte, an prominenter Stelle unterhalb des Nummernschildes. Das dritte Spitzenlicht ist nicht realisiert worden, ebensowenig die Blendkappen aus der Projektzeichnung. Erstmals erstrahlt eine DB-Lok in der neuen blauen Farbe, die für Schnellzüge vorgesehen ist, das DB-Emblem ist noch nicht eingeführt. Auf dem Dach wurden Stromabnehmer des Typs SBS 49 installiert, die aus dem älteren SBS 39 weiterentwickelt wurden. Diese besaßen, wie bei den Vorkriegselloks, nur eine Wippe, weswegen grundsätzlich beide Stromabnehmer am Fahrdraht anlagen. Später wurden deshalb die Stromabnehmer ausgetauscht.

DIE E 10 003 WURDE 1953 von Henschel in Kassel ausgeliefert und steuerte den Siemens-Gummiringfederantrieb bei, der sich ausgezeichnet bewährte und schließlich für die Serienloks übernommen wurde. Vor dem Ellokschuppen des Bahnbetriebswerks Nürnberg Hbf stand die Lok am 29. August 1966 und wartete auf ihren nächsten Einsatz. Bei ihrer Auslieferung besaß sie unterhalb der Fenster- und Lüfterreihe noch eine weiße Zierlinie, die hier bereits nicht mehr zu sehen ist. Nicht gut zu erkennen sind die Stromabnehmer des Typs SBS 49, die hier immer noch auf der Lok zu finden sind. Rechts im Bild ist noch knapp die 1939 von der AEG gebaute E 18 048 im grünen Lack zu erkennen, die sich von 1946 bis 1952 als Reparationsgut in der Sowjetunion befand und erst Ende 1953 zur DB gelangte.

E 10 002 VON KRUPP und BBC wurde ebenfalls im Dezember 1952 ausgeliefert und konnte im April 1953 abgenommen werden. Für die spätere Serienbeschaffung der Einheitselloks stand vor allem diese Lok Pate, von der besonders viele Bauteile für die Serienbeschaffung übernommen wurden. Aber auch stilistisch ist man hier bereits recht nahe an der späteren Gestaltung der Serienloks angekommen, wenngleich das dritte Führerraumfenster noch an die Altbau-Elloks der Vorkriegszeit erinnert. Hier hat die Lok am 26. August 1966 in Würzburg Hbf den D 174 für die Weiterfahrt Richtung Nürnberg übernommen. Die Lok besitzt bereits die Umbaustromabnahmer SBS 39/54 mit Doppelwippe, so dass nur ein Pantograph am Fahrdraht anliegen muss. Die Maschine stand bis Oktober 1977 beim Bw Nürnberg Hbf im Einsatz.

BEI DEN Eisenbahnfotografen war 1976 und 1977 der Eilzug 2650 Hof – Nürnberg beliebt, denn ab Bamberg wurde der Zug werktags sowohl mit einer 119 als auch einer vorgespannten 110.0 bespannt wurde – zwei Nürnberger Ellok-Raritäten im gemeinsamen Einsatz! Am 20. September 1976 waren 119 002 und 110 004 für diesen Dienst eingeteilt. Bei eher trübem Himmel verlassen die beiden Maschinen hier gemeinsam Bamberg. 110 004 war zuletzt ein Sonderling unter den E 10-Erprobungsloks. Nach fast zweijähriger Abstellzeit wurde die Maschine im Oktober 1974 in München neu lackiert. Dabei nahm man ihr die Blechregenrinne ab und lackierte das Dach blau, wie es auch bei den Serien-110 zu dieser Zeit geschah. Zwei Monate nach dieser Aufnahme wurde sie abgestellt und im Januar 1977 ausgemustert.

WÄHREND DIE LOKS 001, 003 und 004 nach ihrer Ausmusterung verschrottet wurden, nahm die Deutsche Bundesbahn 110 002 und 005 in ihren Museumsbestand auf, so dass die beiden Veteranen auch heute noch existieren. 110 002 schied 1977 aus dem Betriebsdienst und wurde daraufhin Denkmallok im Ausbesserungswerk Opladen – was insofern verwundert, weil die E 10-Erprobungsloks in ihrer ganzen Dienstzeit stets in München-Freimann repariert und revisioniert wurden. Im Spätsommer 1978 wurde sie bei einem „Tag der offenen Tür" erstmals in perfekter Aufarbeitung der Öffentlichkeit in Opladen präsentiert, wie sie auf dem Foto zu sehen ist. Seit 1984 ist sie als rollfähiges Ausstellungsstück unterwegs und wird dabei auch immer wieder unter den Exponaten im DB-Museum in Nürnberg gezeigt.

Kastenloks und Bügelfalten

E 10.1: Blaue Eleganz

Ende des Jahres 1955 erreichte das sich rasch ausweitende elektrische Streckennetz der DB bereits den 2.000. Kilometer. Von Süden aus war der Draht bereits in Würzburg angekommen, und auch im Badischen wurde bereits elektrisch gefahren. Die Arbeiten für die Elektrifizierung der Strecken von Heidelberg nach Frankfurt (Main), den Lückenschluss Würzburg – Frankfurt und dann die Anbindung des Ruhrgebiets über die Rheinstrecken liefen auf Hochtouren. Der Bedarf an elektrischen Lokomotiven wuchs enorm. Im Oktober 1954 wurde das erste Baulos über 31 Serien-E 10 bestellt, das kurz darauf auf 69 Loks ausgeweitet wurde. Bei der E 10 übernahm Krauss-Maffei gemeinsam mit SSW (für die Elektrik) die Federführung für den Bau, während Henschel (mit BBC) und Krupp (mit AEG) nur mit kleineren Quoten berücksichtigt wurden.

Mit der E 10 101 wurde am 4. Dezember 1956 die erste Serien-E 10 ausgeliefert Tatsächlich war sie aber nicht die erste Serien-E 10, die ihren Dienst bei der DB antrat: Diese Ehre konnten nämlich E 10 102 und E 10 152 sowie 153 am 4. Februar 1957 für sich beanspruchen.

Der E 10 144 hat der Fotograf in München auf das Dach geschaut. Mit dem blauen Lack und dem silbergrauen Dach machten die Loks eine gute Figur (September 1964).

DIE NEUEN LOKOMOTIVEN

Der Lokkasten aller vier Einheitselloktypen wurde gegenüber den Probeloks überarbeitet und die Formgebung gestrafft. Auffälligster Unterschied waren nun zwei (statt drei) große Stirnfenster und einheitliche Größen für die Maschinenraumlüfter und -fenster. Die Bauteile, die sich in den jeweiligen Vorserien-E 10 am besten bewährt hatten, kamen bei der Serie zur Berücksichtigung. Antriebstechnisch wurde der drehelastische SSW-Gummiringfederantrieb der E 10 003 für alle Serienloks übernommen – und auch die Fahrmotoren der E 10.1 sind Varianten des bei der 003 eingebauten Typs. Die Führerräume orientierten sich an jenen der E 10 001, die auch die zwei (statt drei) Frontfenster an die Serie übergab. Kopfform und Kastengeometrie wurden aus der 002 entwickelt, und „leider" auch deren Drehgestelle. Erst nach einigen Optimierungen konnten die Laufeigenschaften der Serienloks überzeugen. Die E 10 durchlief in den 13 Jahren ihrer bis Februar 1969 andauernden Fertigung mehrere sehr markante Änderungen, die die Bilder der nachfolgenden Seite eindrücklich zeigen. Dazu gehört die Bauform ab 1960, bei der die Loks ab Werk beginnend mit der E 10 216 an Stelle der bisherigen großen Frontleuchten mit integriertem Rotlicht nun kleinere Doppelleuchten erhielten. Das obere Spitzenlicht wurde dabei ebenfalls verkleinert. Gleichzeitig wurden die bisherigen waagerechten Schweiger-Lüftergitter durch Mehrfachdüsen-Lüftungsgittern in senkrechter Bauart ersetzt.

SCHNELLZUGLEGENDEN

Eine erste Lackierungsvariante kam mit der Auslieferung der Loks E 10 239 bis 244, die im Frühjahr 1962 schon ab Werk provisorisch für 160 km/h ertüchtigt wurden, um vor der beige-kobaltblauen Wagengarnitur des neuen „Rheingold"-Zuges zu glänzen. Sie erhielten kurzzeitig die Nummern E 10 1239-1244, bis die eigentlich für diesen Einsatzzweck vorgesehenen Maschinen E 10 1265-1270 ausgeliefert wurden. Für diese sechs 160 km/h-Loks, die aus der normalen E 10-Serie abgezweigt wurden, wurde ein deutlich windschnittigeres und werbewirksameres Erscheinungsbild gewählt und der „Bügelfalten"-Lokkasten aus der Taufe gehoben. Über diese Loks berichtet das nächste Kapitel.

Nach deren Auslieferung wurden die provisorischen Rheingold-Loks wieder an die Serie angeglichen und erhielten den gewohnten stahlblauen Lack. Mit der Einführung des „Rheinpfeils" 1963 wiederholte sich die Problematik, diesmal wurden E 10 250-254 umgerüstet, die aber nicht umgezeichnet wurden.

Die schnittige Form der „Bügelfalten"-E 10 gefiel den Verantwortlichen so gut, dass sie ab der E10 288 auch für die „langsameren" Serien-E 10 übernommen wurde. Später wurden auch zwei Loks der ersten Bauserien nach Unfällen wiederaufgebaut und erhielten dabei die Bügelfalten-Form (E 10 107 und E 10 271).

Im Jahre 1963 rückte die E 10 in den Mittelpunkt des Interesses, als die geplante Schnellfahrlok E 03 entwickelt wurde. Viele Bauteile dieser neuen Loktype wurden vorab in E 10 299 und 300 getestet, die in ausführlichen Versuchsprogrammen auf den Strecken Forchheim – Bamberg mit bis zu 200 km/h getestet wurden. Tatsächlich wurden Bauteile, die sich besonders bewährten, sogar in den noch laufenden E 10-Serienbau integriert.

Mit der Einführung der EDV-Nummern wurde aus der E 10 die 110, erste in dieser Form ausgelieferte Lok war 110 483. Im Februar 1969 wurde mit 110 510 die letzte von insgesamt 379 Serienloks abgenommen. Zwischenzeitlich hatte sich das Erscheinungsbild der Loks in vielen Details gewandelt: Selbstverständlich mussten auch E 10 im Laufe der Jahre zahlreiche „Entfeinerungen" bei den turnusmäßigen Untersuchungen über sich ergehen lassen, wie z.B. den Abbau der Regenrinnen und der Umlaufgriffstangen an den Stirnfronten.

ABSTIEG IN DEN NAHVERKEHR

Bis zum Beginn des 21. Jahrhunderts war der E 10-Bestand nur geringfügigen Änderungen unterworfen. Schon 1986 wurde die Höchstgeschwindigkeit auf 140 km/h beschränkt, so dass die Nachfolgebaureihe 111 die höherwertigen Leistungen der Loks übernahm. Nach größeren Unfällen mussten 110 433 und 477 frühzeitig ausscheiden. 17 ältere Loks, allesamt mit der „Kasten"-Form, wurden von 1993 bis 1995 durch Drehgestelltausch zu Loks der Baureihe 139 umgebaut. Die dadurch freigewordenen Drehgestelle wurden genutzt, um aus 20 Loks der Baureihe 114, welche Anfang der 1990er-Jahre wegen starker Verschleißerscheinungen an den Drehgestellen nur noch 120 km/h fahren durften und kaum noch sinnvoll eingesetzt werden konnten, wiederum 140 km/h schnelle Maschinen der Reihe 110 zu schaffen. Bereits 1985 entstand die 110 511 durch einen Drehgestelltausch aus der 139 134.

In ihren letzten Einsatzjahren wanderten die 110 fast völlig in den Nahverkehr ab und erhielten hierfür sogar noch eine Wendezugeinrichtung. Das Tochterunternehmen DB AutoZug übernahm einige der Loks und setzt diese, ohne dass ein technischer Unterschied vorliegt, als Baureihe 115 vor verschiedensten Zugleistungen ein. Zum Frühjahr 2012 befanden sich noch 36 Loks im Einsatzbestand.

Das DB Museum erhält die E 10 121 (1. Bauserie) und die 110 348 (Bügelfalte, mit Schürze) an seinem Standort Koblenz-Lützel. 110 511 wird als Garantielok des Werks Dessau verwendet. Weitere Vereine erhalten die als Leihgaben überlassenen 110 228, 239, 281 und 115 152.

Die „Bügelfalten"-110 365 fuhr jahrelang mit einem markanten Warndreieck auf den Stirnfronten (Rheine, April 1979).

DIE E 10 199 AUF DIESEM BBC-Werkfoto ist ein gutes Beispiel für die klassische Eleganz, den die Einheitselloks der 1950er-Jahre bei ihrer Auslieferung boten. Die Lok wurde am 18. März 1958 von Krauss-Maffei ausgeliefert und am 14. April 1958 abgenommen. Bei der Inbetriebnahme entstand diese Aufnahme im Ausbesserungswerk München-Freimann. Die Lok besitzt die großen Stirnlampen mit großer Dachlampe sowie die waagerechten Schweiger-Lüftungsgitter der ersten Bauform. Die stahlblaue Lackierung wird zwischen Rahmen und Aufbau durch einen weißen Zierstreifen getrennt. Die Lok besitzt bereits das DB-Emblem an der Seite – die ersten Maschinen wurden dagegen noch mit einem kleinen seitlich angebrachten Schild mit dem Bundesbahnschriftzug ausgeliefert.

VIELE JAHRE SPÄTER hat sich das äußere Erscheinungsbild vieler E 10.1 kaum verändert, wenn man einmal von deutlichen Betriebsspuren und der neuen Nummer absieht. Bis zuletzt fuhren viele 110 der ersten Bauform noch mit den alten Lampen durch die Gegend, die den Loks ein etwas altmodisches Aussehen gaben. Im direkten Vergleich zur linken Seite erkennt man die nachträglich angebrachte Steckdose unter dem linken Fenster, die eine Sprechverbindung zwischen Lokführer und dem Zugpersonal ermöglichte. Dafür wurden normalerweise eigens zwei Handgriffe und ein Tritt angebracht, die der 110 104 (Bw Frankfurt (Main) 1) am 4. Dezember 1982 im Regensburger Hauptbahnhof (vor dem E 3170) noch fehlen. Der Griff unterhalb der Fenster und der Tritt unter den Lampen dienen der Reinigung der Führerraumfenster.

AB FRÜHJAHR 1964 änderte sich das Aussehen der E 10 umfassend, als die Loks ab der E 10 288 das „Bügelfalten"-Design der Rheingold-E 10 übernahmen. Diese rare Aufnahme zeigt die im Juli 1965 von Krauss-Maffei ausgelieferte E 10 383 nur zwei Monate später im Bahnhof Bad Hersfeld (20. September 1965). Um die Loks eleganter zu machen und Verschmutzungen des Fahrwerks besser kaschieren zu können, wurde die Maschine versuchsweise mit einem hellgrauen Rahmen versehen. Ähnliche Farbversuche wurden auch an E 10 340 und 384 durchgeführt. Großen Erfolg scheint die DB mit den Experimenten aber nicht gehabt zu haben, denn künftig wurden die Rahmen wieder schwarz lackiert. Besonders elegant wirkt die Lok durch die Schürzen und das helle durchgehende Lüfterband.

IN DEN 1970er-Jahren verschwanden die Schürzen und die Pufferverkleidung aus Gründen der einfacheren Wartung bei allen „Bügelfalten"-110. Dennoch wirkten die Loks zeitlos elegant, wenngleich das Lüfterband regelmäßig eher schmutzig wirkte. Am 13. Oktober 1983 trafen sich 110 469 (Bw Köln-Deutzerfeld) und 110 107 (Bw Frankfurt (Main)) in Köln. Letztere war ursprünglich eine Lok der ersten Bauserie in „Kastenform", wurde aber nach einem schweren Unfall zwischen 1971 und 1974 mit „Bügelfalten"-Lokkasten völlig neu aufgebaut. Sie weist im direkten Vergleich einige interessante Abweichungen auf: Neben dem eingezogenen Lokkasten mit Verschleisspufferbohle wurde die Lok ohne umlaufende Regenrinne und mit blau lackiertem Dach ausgeliefert, wie es später bei den 110 Standard wurde.

ZURÜCK ZU DEN LOKS mit dem alten Lokkasten: Ab der E 10 216 wurden die Loks bereits ab Werk mit den moderneren Doppellampen und Doppeldüsenlüftungsgittern ausgerüstet. Diese zweite Bauform blieb mit 66 Maschinen die kleinste Gruppe bei den Serien-E 10, wenngleich auch einige ältere Loks der erste Bauform bei aufwändigen Ausbesserungen und Reparaturen entsprechend nachgerüstet wurden. 110 249 (Bw Dortmund Bbf), die uns hier am 18. Mai 1984 im Lennetal zwischen Lenhausen und Plettenberg mit D 914 begegnet, hat bereits einige weitere Detailveränderungen erfahren: Die korrosionsanfällige Blechregenrinne wurde entfernt und das Dach blau lackiert, während die Lüftungsgitter aus Aluminium bereits durch die moderneren Klatte-Lüfter ausgetauscht wurden.

ZUHAUSE IM Ruhrgebiet: Im Hauptbahnhof von Wanne-Eickel müht sich die 110 460 (Bw Dortmund Bbf) am 5. Februar 1985 mit dem D 2734 ab, während der abgestellte Steuerwagen 815 779 (hier mit der selten fotografierten führerstandlosen Seite) auf seinen zugehörigen Akkutriebwagen der Reihe 515 wartet. „Bügelfalten"-110 mit der alten Blechregenrinne und eigenem DB-Schild waren zu diesem Zeitpunkt bereits recht rar geworden und avancierten zu beliebten Fotoobjekten. Die Lok wird uns auf Seite 35 noch einmal begegnen. Obwohl Wanne-Eickel seit 1975 zur Stadt Herne gehört, blieb die Bahnhofsbezeichnung bis heute erhalten. So hat Herne bis heute kurioserweise zwei Hauptbahnhöfe. Allerdings gibt es Bestrebungen, künftig den Bahnhof umzubenennen.

GUNDELSHEIM im Neckartal wird von Schloss Horneck überragt. Am 27. März 1982 erreicht 110 233, eine Vertreterin der zweiten Bauform mit Doppellampen, mit D 951 den Bahnhof der Deutschordensstadt. Auf diesem Foto ist besonders gut das helle Blau der Lok zu sehen, das von Eisenbahnern und Eisenbahnfreunden gerne „Freimann-Blau" genannt wurde. Im Ausbesserungswerk München-Freimann wurde zeitweise ein etwas hellerer Farbton als der eigentlich vorgeschriebene RAL 5011 verwendet. Da vor allem die süddeutschen E 10 zur Untersuchung nach Freimann einrückten, trat diese Farbabweichung überwiegend bei den Stuttgarter und Frankfurter 110 auf. 110 233 stand über ihre gesamte Einsatzzeit im Dienst des Bw Stuttgart und wechselte nur für ihre letzten aktiven Jahre von 2002 bis 2005 noch nach München.

DA DIE E 10 werkseitig nicht doppeltraktionsfähig sind und es im regulären Schnellzugdienst auch wenig Bedarf an einer Vielfachsteuerung gab, sind Bilder mit zwei Maschinen im Zugdienst ausgesprochen selten. Solche Bespannungen dienen meist nur der Vermeidung von Leerfahrten. Die blaue 110 376 schleppt am 2. Juni 1979 nicht nur den D 774 (Frankfurt-Hamburg) nördlich von Unterlüß, sondern auch die 110 365 mit dem markanten Warndreieck (siehe Seite 21) auf den Stirnfronten. Heute liegen hier keine Gleise mehr, und auch der Einschnitt ist weitgehend verschwunden, da die Bögen der Strecke Hannover – Hamburg zu Beginn der 1980er-Jahre im Rahmen des Ausbaus für 200 km/h entschärft wurde. Diese Linienverbesserung erforderte zwischen Unterlüß und Suderburg eine Neutrassierung.

OB DER LACK schon trocken ist? Ganz frisch kam die Münchener 110 331 aus dem Ausbesserungswerk, als sie am 16. Juli 1977 bei Kutzenhausen (Strecke Ulm – Ausgburg) vor die Kamera fuhr. Lange Klatte-Gitter, lange Gummileiste und Griffstange – alles Merkmale der ersten ozeanblau-elfenbeinfarbenen „Bügelfalten“-110. Bemerkenswert ist der Personenzug 4077 mit zwei Behelfspäckwagen MDyg vor einer gemischten Garnitur aus vierachsigen Umbauwagen und einem Silberling – ein gewaltiger Kontrast zu den neuen Produktfarben. Noch im Jahr zuvor war dieser Zug eine Leistung der Baureihe 117, doch wurde diese zu diesem Zeitpunkt bereits durch neue 111 in München zunehmend arbeitslos.

IM LAUFE der Jahre veränderten sich immer wieder Details an den Loks. 110 468, die hier am 9. August 1996 den Kaiser-Wilhelm-Tunnel bei Ediger-Eller im Zuge der Moselstrecke verlässt, besitzt bereits das 1994 eingeführte neue Logo der privatwirtschaftlich organisierten Deutschen Bahn AG. Die umlaufende Griffstange an der Stirnfront wurde ihr bereits wieder entfernt. Mit der Gummiregenrinne über den Frontfenstern scheint es hingegen einige Probleme zu geben. Die in Dortmund stationierte Lok gehört zu 131 Loks, die in den 1990er-Jahren noch nachträglich eine Wendezugsteuerung erhalten haben, um Leistungen der Baureihe 141 im Nahverkehr zu übernehmen. Auf diese Weise bleiben einige 110 noch viele Jahre im Einsatz, obwohl sie im Schnellzugverkehr kaum noch benötigt wurden.

EIN GANZ ungewöhnliches Bild gibt die 110 242 ab, die am 21. Juli 1984 mit dem FD 703 „Bodensee“ (Dortmund – Konstanz) den 900 m langen Hattinger Tunnel nahe des gleichnamigen Ortes an der südlichen Schwarzwaldbahn verlässt. Offenbar wurde bei einer Lackauffrischung das DB-Emblem auf der Front „vergessen“, oder es war am Ende des Werkstattaufenthalts schlichtweg keine Zeit mehr für diesen vergleichsweise schnell gemachten Arbeitsgang. Grundsätzlich hatten die ab 1975 ozeanblau-elfenbein lackierten Loks immer ein auflackiertes DB-Emblem auf der Front, nachdem dies bei der alten Farbgebung zuvor nicht üblich war. Die Lok dürfte nicht sehr lange in diesem Zustand im Einsatz gestanden haben. Sie ist eine der fünf Maschinen, die 1962 als Rheingold-Loks für 160 km/h zugelassen waren.

DREI 110 DER ersten Bauform mit alten Lampen präsentieren sich hier im Betriebswerk Köln-Deutzerfeld am 13. Februar 1991, und doch könnte der optische Eindruck nicht unterschiedlicher sein. 110 159, 110 131 und 110 156 repräsentieren jeweils die drei unterschiedlichen Farbepochen der Deutschen Bundesbahn: Neben der ursprünglichen blauen Farbe war von 1975 bis 1987 die ozeanblau-elfenbeinfarbene Lackierung aktuell, die dann von der kurzlebigen orientroten Farbgebung mit weißer „Kontrastfläche" ersetzt wurde. Die aktuelle verkehrsrote Lackierung kam erst ab 1997. Zum Zeitpunkt der Aufnahme war es allerdings schon ungewöhnlich, dass die blaue Lok noch kein DB-Emblem auf der Front trug. Welche Farbgebung nun am gefälligsten ist, darf jeder Leser selbst entscheiden.

DIE BEIDEN AUFNAHMEN auf dieser Doppelseite zeigen die „Bügelfalten"-110 in ihren über viele Jahre angestammten Diensten. Die 1964 ausgelieferte 110 296 gehörte knapp 30 Jahre zum Bestand des Betriebswerks Stuttgart, das die Lok regelmäßig auf der Neckartalbahn (Heidelberg – Heilbronn) einsetzte. Hier begegnet uns die Maschine am 28. März 1989 unterhalb der Höhenburg Zwingenberg. Wie die meisten Einheitselloks bekam auch diese Maschine nachträglich Klatte-Lüftungsgitter, allerdings in einer längeren Version, die bei den „Bügelfalten"-E 10 den optischen Eindruck des durchgehenden Lüfterbandes beibehielt. Sie gehörte zudem zu einer Handvoll Maschinen, die bis über die seitlichen Türen reichende Gummiregenrinnen erhielten. Sie wurde 2000 ausgemustert und verschrottet.

DIE 1967 GEBAUTE 110 460 (Bw Dortmund Bbf) begegnet uns bereits auf Seite 27, doch hier trägt sie nun den ozeanblau-elfenbeinfarbenen Lack, den sie als einer der letzten ihrer Baureihe bei einer Hauptuntersuchung im März 1987 im Ausbesserungswerk Opladen erhielt. Mit dem D 1549 rollt sie hier am herbstlichen 28. Oktober 1989 über die Vorflutbrücke der Rheinüberquerung in Duisburg-Rheinhausen. Die festungsartigen Brückenpfeiler stammen noch von der ersten Brücke aus dem Jahre 1873, während der Zug über die 1927 fertiggestellten Brückenbögen wenige Meter weiter nördlich rollt. Die Pfeiler stehen auch heute noch, während sich an der Position des Fotografen ein Hafenbecken des neuen „Logport"-Umschlaggeländes befindet.

UNTER DER Oberleitungsspinne des Betriebswerks Wiesbaden wird die „freimannblaue“ 110 229 (Bw Stuttgart) am 28. Dezember 1991 gedreht. Sie gehörte zu den Loks, die in den 1980er-Jahren trotz der alten blauen Farbe ein DB-Emblem auf der Stirnfront erhielten. Zwar hat die Maschine bereits den Aufstiegstritt und die neueren Haltegriffe auf der Front, besitzt aber immer noch die alte Blechregenrinne und das graue Dach, das die Werkstätten eigentlich seit Anfang 1971 bei den Einheitselloks entfernen. Durch die langen Intervalle zwischen den Hauptuntersuchungen, wechselnde Standards, unterschiedliche Werkstattauslastungen und regional verschiedene Handhabungen entstanden bei den Einheitselloks eine Fülle von Detailvarianten.

1987 FÜHRTE DIE DB zum zweiten Mal (nach 1975) neue Farben ein: Fortan sollten alle Zugarten anhand ihrer Farbe eindeutig identifizierbar sein. Für Lokomotiven wurde grundsätzlich ein orientroter Farbton gewählt, wobei auf Zierlinien und weitere farbliche Abgrenzungen fast völlig verzichtet wurde. So sahen die Loks aus, als wären sie komplett in Farbe getaucht worden. Einzige Ausnahme blieb eine „lichtgraue" Kontrastfläche auf der Stirnfront, die von Eisenbahnern und Fotografen gerne mit „Lätzchen" tituliert wurde und je nach Loktyp mehr oder minder gewöhnungsbedürftig aussah – wie auch bei der 110 102 (Bw Frankfurt (Main) 1) mit alten Lampen, die hier am 1. Juni 1991 den Bahnhof Guntershausen an der Strecke Kassel – Gießen erreicht.

DIE 110 131 (Bw Köln-Deutzerfeld) im orientroten Lack rollt am 16. September 1993 im Abendlicht über die Moselbrükke in Koblenz, unweit des Deutschen Ecks. Im Gegensatz zur Lok besitzen die Wagen immer noch die alten Farben aus der ozeanblau-elfenbeinfarbenen Farbära der Bundesbahn. An der Lok fällt auf, dass die Werkstätten bemüht waren, die Klatte-Lüftungsgitter und die umgebende Fläche in einem dunklen Graubraun zu lackieren, um einerseits die nicht vermeidbare Verschmutzung der Lüfter nicht zu auffällig zu machen und den eleganten optischen Eindruck eines durchgehenden Lüfterbandes wieder herzustellen. Die Lok ist uns auch bereits auf Seite 33 in ihrer langjährigen Kölner Heimat begegnet.

AM 13. JULI 1990 rauscht 110 317 (Bw Köln-Deutzerfeld) mit einem kurzen Nahverkehrszug durch das wunderschöne Eggegebirge bei Willebadessen (Strecke Paderborn – Altenbeken – Kassel). Auf den ersten Blick macht die Lok durch ihre dunkel umrandeten Lüftungsgitter einen ungewohnten Eindruck. Die Maschine besitzt die aus optischen Gründen bei den „Bügelfalten"-110 verwendeten längeren Klatte-Lüftungsgitter mit breiten Rändern. Erst drei Wochen vor dieser Aufnahme verließ die Lok das Ausbesserungswerk Opladen nach einer Hauptuntersuchung ohne Neulackierung, bei der die Lüfter offenbar intensiv gereinigt wurden – nicht jedoch deren Rahmen! Auch sonst wirkt die 1963 gebaute Lok nicht sonderlich gut gepflegt.

AB 1998 SPALTETE sich die Deutsche Bahn AG in verschiedene eigenständige Geschäftsbereiche auf. Die 110 wurden dabei vollständig der Nahverkehrssparte DB Regio AG zugeschlagen und bedarfsweise an die anderen DB-Unternehmen vermietet. Da die Fernverkehrstochter DB Autozug GmbH aber größeren Bedarf an den Maschinen hatte, übernahm sie ab 2005 mehrere 110, wobei diese Loks aus abrechnungstechnischen Gründen als Baureihe 115 eingereiht und in Berlin-Rummelsburg beheimatet werden. 115 278, also die ehemalige 110 278, zieht hier am 19. April 2010 den „Moskva-Express“ (Moskau – Berlin), bestehend aus RZD-Schlaf- bzw. -Langstreckenwagen, auf seiner letzten Etappe von Frankfurt (Oder) nach Berlin und erreicht den Zielbahnhof Berlin Zoologischer Garten.

DIE AUF DIESER Doppelseite gezeigten Farben stellen bereits die vierte Farbära dar, die die E 10 durchlebten: Ab 1998 korrigierte die Deutsche Bahn AG nach nicht ganz elf Jahren das letzte Bundesbahn-Schema und lackierte nun in deutlich kräftigerem Verkehrsrot. Das bisherige „Lätzchen" wurde durch einen weißen Kontrastbalken ersetzt. Viel gewichtiger war aber nun die Lackierung des unteren Lokkastenbereichs und der Dachaufbauten in einem dunklen Grau, was den Maschinen deutlich besser steht. Am 19. April 2001 verlässt 110 444 (Werk Frankfurt (Main) 1) mit einem Nahverkehrszug die Festspiel- und Kurstadt Bad Hersfeld über das Fuldabrückchen Richtung Süden. Im Zugverband hat erst ein Wagen die neuen Farben enthalten.

KOPFSCHMERZEN dürfte hier mancher Eisenbahnfan am ehesten beim Anblick der betagten wie verbeulten 110 168 bekommen, die am 8. Februar 1984 den Frankfurter Hauptbahnhof erreicht hat. Die blaue Lok mit alten Schweiger-Lüftern – natürlich eine Frankfurter Maschine! – wird allerdings noch weitere 20 Jahre in Dienst stehen. Auffällig sind die nicht ganz der Norm entsprechenden „1"-Ziffern auf der Front. Große Leuchtreklame waren nächtliche Markenzeichen mancher großer Bahnhofshallen, in denen auch zu nachtschlafener Stunde keineswegs Ruhe einkehrte. Die Zeiten surrender Elektrokarren, die Gepäck und Fracht von den Packwagen eines Bahnsteig zum nächsten bewegen, sind allerdings bereits seit vielen Jahren vorbei..

MIT DEN EINHEITS-ELLOKS durften sich die Lokführer während ihres Dienstes endlich setzen, denn die Vorkriegskonstruktionen waren noch alle für das Fahren im Stehen ausgelegt. Aus Sicht der Lokführer war das verständlicherweise ein enormer Fortschritt. Die Bedienelemente sind bei allen Bauarten der Einheitselloks weitgehend einheitlich ausgeführt, damit sich das Personal nicht umgewöhnen musste. Der Fahrstufenschalter wurde als Handrad ausgeführt, im Vordergrund ist der Sifa-Taster zu sehen. Rechts davon befinden sich die Hebel für die Bremsen. Die Aufnahme entstand auf einer 110 der späteren „Bügelfalten"-Ausführung, die ein zusätzliches Seitenfenster besitzen.

Schneller Renner für den Starzug

E 10.12: Die Rheingold-Loks

Die DB entschied 1960, den legendären „Rheingold"-Schnellzug aufzuwerten. Schon seit 1956 wurde der F-Zug rein erstklassig gefahren, nun sollte auch das Wagenmaterial aufgewertet werden und dem Zug zu seiner einstigen Exklusivität verhelfen. Hierfür wurde eine eigene Flotte neuer 26,4m-UIC-X-Wagen beschafft, darunter die fünf bekannten Aussichtswagen mit Glaskanzel. Ab Mai 1962 war der Einsatz des Zuges auf seiner einstigen Stammstrecke Amsterdam – Duisburg – Köln – Mainz – Basel geplant. Als internationales Herausstellungsmerkmal sollte auch fahrplanmäßig wieder eine Höchstgeschwindigkeit von 160 km/h erreicht werden.

Doch für eine solche Geschwindigkeit standen keinerlei zeitgemäße Lokomotiven zur Verfügung. Um dennoch kurzfristig eine schnellfahrende und dem hohen Attraktivitätsanspruch des Zuges adäquate Lokomotive vorweisen zu können, bot sich nur eine Überarbeitung der E 10 an. Wegen der schlechten Laufeigenschaften gerade im hohen Geschwindigkeitsbereich hatte Henschel bereits zuvor ein Paar neuer Drehgestelle mit Lokkastenabstützung über eine zwischengeschaltete Wiege entwickelt, die sehr erfolgreich unter der E 10 184 getestet wurden. Doch diese Bauart empfand die DB für die Serienbeschaffung der E 10 als zu kostspielig. Für die neuen Rheingold-Loks kamen die Drehgestelle aber wie gerufen.

27. Mai 1962: Der erste Fahrtag des runderneuerten „Rheingold" mit 160 km/h sorgt für Aufsehen. E 10 1241 bespannte den Zug, aufgenommen in Mainz. Es ist der erste 160 km/h-Schnellzug nach dem Zweiten Weltkrieg.

1960/61 liefen verschiedene Studien, wie man das äußere Erscheinungsbild der E 10 werbewirksamer machen konnte – schließlich sollten die Loks nun über ihr Aussehen Geschwindigkeit vermitteln, was dem „Schuhkarton-Look" der Einheitselloks nicht recht gelingen wollte. Bei Krauss-Maffei wurde daraufhin ein 1:1-Modell einer neuen stromlinienförmigeren Stirnfront mit leichter Pfeilung geschaffen, das durch Pufferverkleidung und Schürzen deutlich gewann – die „Bügelfalten"-Form war geboren. Der neue Lokkasten unterschied sich zudem durch ein zusätzliches Seitenfenster für den Lokführer sowie ein durchgehendes Lüfterband von den bisherigen E 10. Für den letzten „Schliff" sorgte eine Lackierung in beige und kobaltblau. Technisch beschränkten sich die Änderungen auf den Einbau der neuen Henschel-Drehgestelle mit anderer Getriebeübersetzung.

Die Entscheidung über das endgültige Design war seitens der DB ein schleppender Prozess, und so wurden die Änderungen viel zu spät in Auftrag gegeben. Die Auslieferung der für diese Einsätze geplanten Loks 265-

270, die als E 10 1265-1270 ihren Sonderstatus auch in der Nummer trugen, verzögerte sich deshalb um mehrere Monate. Zwischen Mai 1962 und März 1963 mussten deshalb die bereits erwähnten E 10 239-244 aushelfen, von denen die 244 die Henschel-Drehgestelle der E 10 184 erhielt. Ab Oktober 1962 konnten die neuen Rheingold-Loks endgültig übernehmen und prägten bald auch das Bild der DB-Werbung.

Ab 1963 sollte auch der Korrespondenzzug „Rheinpfeil“ Dortmund – München, der in Duisburg Kurswagen mit dem „Rheingold“ tauschte, auf die neuen Wagen umgestellt werden. Dafür wurden weitere fünf beschleunigte E 10 benötigt, die als E 10 1308-1312 zwischen Oktober 1963 und Februar 1964 geliefert wurden. In den Monaten zuvor mussten wiederum die Serien-E 10 250-254 die neuen Loks vertreten, wobei diese bereits vorübergehend mit den neuen Henschel-Drehgestellen der „Rheinpfeil“-Loks bestückt wurden.

Die elf Loks behielten ihre exklusive Farbgebung nur kurz, weil „Rheinpfeil“ und „Rheingold“ 1965 zu normalen TEE-Zügen avancierten und ihren Sonderstatus verloren. Schon 1966 begann die DB mit der Umlackierung von Loks und Wagen in den seit den 1950er-Jahren festgelegten TEE-Lackierung Rot und Beige. 1968 erhielten sie bei der Umzeichnung auf EDV-Nummern die neue Baureihenbezeichnung 112.

Da sich 1968 die sechsachsige E 03 für den angestrebten flächendeckenden TEE- und Schnellzugdienst mit 160 km/h (und darüber) noch in der Erprobung befand, wurden aus der letzten 110-Bauserie nochmals 20 Loks abgezweigt und für 160 km/h zugelassen. Diesmal wurde auf die teuren Henschel-Drehgestelle verzichtet und leicht modifizierte Exemplare der Regelbauart verwendet. Die als 112 485 bis 504 bezeichneten Loks erhielten gleich ab Werk den rot-beigen TEE-Lack. Bei ihnen wurde, wie auch bei den 110 der letzten Bauserie, auf die Regenrinne verzichtet. Die Dachwölbungen erhielten nun ebenfalls beigen Lack.

AUS 112 WIRD 113 UND 114

Die einstigen Paradeloks wechselten mit dem Erscheinen der Serien-103.1 in untergeordnete Schnellzugdienste. Im Oktober 1985 „rächte“ sich die Verwendung der regulären E 10-Drehgestelle unter der letzten 112-Serie. Wegen starker Verschleißerscheinungen wurden diese Loks auf 140 km/h, später auf 120 km/h herabgestuft und ab 1988 als Reihe 114 geführt. Durch Drehgestelle von 110ern (die wiederum zu 139 mutierten) wurden sie zwischen 1991 und 1995 zu regulären 110 umgebaut und auch so bezeichnet.

Die verbliebenen 160 km/h schnellen 112 mussten hingegen 1991 zur Baureihe 113 umgezeichnet werden. Doch auch diese Loks rückten in die Werkstatt ein, nachdem Getriebeschäden festgestellt wurden. Nach längerem Zögern wurden ab Mitte der 1990er-Jahre auch die Drehgestelle und Getriebe wieder repariert und die Loks erneut für 160 km/h zugelassen. Nach 2004 standen nur 113 267, 268 und 309 im Einsatz, die 2006 und 2007 an die Fernverkehrstochter DB AutoZug abgegeben wurden. Dort erhielten die Maschinen erneute Revisionen, und zumindest die 113 268 steht auch 2012 noch im Einsatz.

Am 20. September 2008 begegnet die ozeanblau-elfenbeinfarbene 140 423 der kobaltblau-beigen Museumslok 110 239 im Eisenbahnmuseum Bochum-Dahlhausen. Die „E 10 1239“ wurde mustergültig in den Zustand des Jahres 1962 als „Rheingold“-Lok zurückversetzt.

Die DB präsentiert die fabrikneue und bereits Rot-Beige lackierte 112 499 am 29. September 1968 bei einem Bahnhofsfest in Frankfurt (Main). Die Lok ist erst seit einer Woche im Einsatz und wird neugierig unter die Lupe genommen.

DIE DEUTSCHE BUNDESBAHN des Jahres 1962 präsentierte sich in erster Linie durch die gedeckten Farben Grün (Personenzüge und Elektroloks), Rot (Rangier- und Dieselloks), Blau (Schnellzug-Elloks und 1.-Klasse-Schnellzugwagen) sowie Schwarz (Dampfloks). Die Stars der Schiene waren zweifellos die internationalen TEE-Züge im rot-beigem Lack. Doch diese Lok in leuchtendem beige-kobaltblauem Lack, die am 4. Mai 1962 mit einem Schnellzug den Frankfurter Hauptbahnhof erreicht, war etwas ganz Neues und dürfte für einige Aufmerksamkeit gesorgt haben. E 10 1242 war eine der provisorischen „Rheingold"-E 10 für 160 km/h. Die Lok war seit April 1962 in Heidelberg stationiert und wurde in E 10-Plänen eingesetzt. Der neue „Rheingold" nahm erst drei Wochen nach dieser Aufnahme Fahrt auf.

MAI 1962: Der neue „Rheingold" fährt und avanciert zum neuen Aushängeschild der Deutschen Bundesbahn, die erstmals nach dem Zweiten Weltkrieg einen Schnellzug mit planmäßigen 160 km/h einsetzen kann. Wir schauen bei Mainz-Weisenau auf den Paradezug F 10 „Rheingold" (Amsterdam / Hoek van Holland – Basel), der spielend ein Rheinschiff überholt. Zuglok ist E 10 1244, die 1962 als einzige der provisorischen Kasten-E 10 auch neue Drehgestelle erhält. Die etwas teureren Henschel-Versuchsdrehgestelle mit einer Lokkastenabstützung über eine zwischengeschaltete Wiege (bei unveränderter Primärfederung) wurden ursprünglich unter der E 10 184 erprobt und sind leider auf dem Bild nicht erkennbar. Sie befanden sich noch bis Juli 1991 unter der Lok und wurden dann unter der 113 309 verbaut.

SCHON 1960 HATTE DIE DB beschlossen, den „Rheingold" durch ein Höchstmaß an Komfort deutlich aufzuwerten, nachdem dieser schon seit 1958 mit Elloks gefahren wurde. Dafür wurden zunächst 20 neue Wagen gebaut, darunter zwei Speisewagen und drei Aussichtswagen. Die Ausstattung galt als gediegen. Obwohl dies offiziell seinerzeit nicht so dargestellt wurde, führte die mangelnde Entscheidungsfreudigkeit der DB bei der Beschaffung von neuen 160 km/h schnellen Elektroloks im Frühling 1962 zu dem Provisorium, dass gewöhnliche E 10.1 zu „Rheingold"-Ehren kamen: Hier erreicht E 10 1240, eigentlich als reguläre E 10 240 geplant, am 17. Juni 1962 mit dem F 9 den Mainzer Hauptbahnhof. Bemerkenswert ist das prestigeträchtig angebrachte DB-Emblem und das Loknummernschild.

AB MAI 1963 wurde auch der „Rheinpfeil" auf das neue Wagenmaterial umgestellt, da mit dem „Rheingold" ein Kurswagenaustausch bestand. Dafür wurde der exklusive Wagenpark auf 22 Abteilwagen, elf Großraumwagen, fünf Aussichtswagen und fünf Speisewagen erweitert. Nach den „Rheingoldloks" E 10 1265-1270 mit der neuen Kopfform folgten 1963/64 auch die E 10 1308-1312 mit Henschel-Drehgestellen für 160 km/h. Die Rheinpfeil-E 10 konnte man an der Griffstange an der Front leicht erkennen. Hier zieht eine dieser Loks den F 22 Dortmund – München am 7. Juni 1964 bei Heigenbrücken Richtung Süden. Hinter dem berühmten Aussichtswagen ist hier der Speisewagen mit „Buckel" zu erkennen. Schon ab 1965 verloren die Züge wegen ihres „TEE-Status" ihre blaue Farbe und wurden rot-elfenbeinfarben umlackiert.

DER TEE 22 „Rheinpfeil" musste sowohl in Frankfurt (Main) Hauptbahnhof als auch in Nürnberg einen Lok- und Fahrtrichtungswechsel hinter sich bringen. Die elegante Zuggarnitur in der exklusiven, aber bereits wieder überholten Farbgebung macht vor den Frankfurter Bahnhofshallen am 16. Februar 1966 einen hervorragenden Eindruck. E 10 1311 gehört zu der zweiten Serie der 160 km/h schnellen Loks, die extra für den „Rheinpfeil" beschafft wurden und in Nürnberg Hbf stationiert wurden. In einem dreitägigen Umlauf legten die Rheinpfeil-Loks beachtliche 1.282 km pro Tag zurück, die deutlich über den regulären E 10 lagen. An der E 10 1311 sind gut die windschnittigen Schürzen und die Pufferverkleidung zu erkennen, die wie das Fahrwerk schwarz lackiert wurden. 1967 wechselte sie, wie alle E 10.12,

zum Bw Heidelberg und erhielt die für den TEE-Verkehr festgelegten Farben Rot und Beige. Als 113 311 ist diese am 8. Januar 1964 abgenommene Lok heute Ausstellungslok des DB Museums und steht in der Außenstelle Koblenz-Lützel im letzten Betriebszustand bereit. Das graue Dach mit Blechregenrinne trägt sie auch heute noch, wenngleich sich zahllose Details an der fast 50 Jahre alten Maschine im Laufe der Jahrzehnte verändert haben.

NOCH EIN BILD DER E 10 1311, die uns auch bereits auf Seite 50 begegnet. Diesmal sehen wir die nun zum Bw Heidelberg gehörende Lok vor dem nordgehenden TEE 9 „Rheingold“ am 11. Juli 1967 im Rheintal bei Trechtinghausen. Speisewagen und Aussichtswagen befinden sich in der Mitte des Zuges, denn in Duisburg wird den Zug noch ein aufwändiges Rangiermanöver erwarten: Der vordere Zugteil einschließlich Speise- und Aussichtswagen reist dann als F 321 nach Dortmund weiter, während der hintere Zugteil für die Weiterfahrt in die Niederlande um Kurswagen vom „Rheinpfeil“ verstärkt wird. Dies wurde unter anderem notwendig, weil die Niederländische Staatsbahn NS bis 1973 keine Genehmigung für einen Einsatz der Aussichtswagen („Dome Cars“) auf ihrem Streckennetz aussprach.

IM GEGENSATZ zu den „Rheinpfeil"-Loks besaßen E 10 1265-1270 aus dem Jahre 1962 keine Aufstiegshilfen auf der Front. Hier verlässt die E 10 1269 bereits im rot-beigen Farbkleid der TEE-Züge den Frankfurter Hauptbahnhof. Von 1968 bis 1971 waren die E 10.12 in der Mainmetropole stationiert, ehe sie 1972 nach Dortmund wechselten. Schon im November 1964 genehmigte die TEE-Kommission die Aufwertung der „Rheingold"- und „Rheinpfeil"-Züge zum Jahresfahrplan 1965/66 zu TEE-Zügen, nachdem der Komfort der neuen Wagen den TEE-Standards mindestens ebenbürtig war. Dementsprechend wurden die speziell beschafften Wagen schon bald in den verbindlich festgelegten TEE-Farben lackiert.

1968 WIRD DIE dritte 20 Loks umfassende Serie der 160 km/h schnellen E 10 ausgeliefert, und zwar die ab Werk als Reihe 112 bezeichneten Loks 485 bis 504. Die Loks wurden direkt mit elfenbeinfarbenem Dach in den Betrieb geschickt und waren bis zum Erscheinen der Serien-103 die Paradeloks vor den TEE-Zügen der DB. Natürlich kamen auch diese „späten" E 10.12 vor dem „Rheingold" zum Einsatz, so auf diesem Bild um 1970 die 112 487 zwischen Rhens und Spay auf der Linken Rheinstrecke. An vierter Stelle im Zug läuft der „Buckel-Speisewagen", gefolgt vom Aussichtswagen. Von 1928 bis 1987 ist die linke Rheinstrecke die Hausstrecke des „Rheingold" – nur der Zweite Weltkrieg unterbricht für wenige Jahre die Ära des berühmten Fernschnellzugs.

MIT DER AUSLIEFERUNG der Baureihe 103 verloren die insgesamt 31 Loks der Reihe 112 ihr Einsatzgebiet vor den schnellen Starzug-Leistungen, und damit natürlich auch vor dem „Rheingold“ und dem „Rheinpfeil“. Sie wurden 1972 beim Bw Dortmund Bbf zusammengefasst und vor verschiedenen Schnellzügen beschäftigt. In den frühen 1970er-Jahren durchfährt hier eine der sechs Rheingold-112 von 1962 mit einem Eilzug Rüdesheim in Richtung Wiesbaden. Die Rechte Rheinstrecke ist normalerweise den etwas langsameren Zugleistungen und vor allem dem Güterverkehr vorbehalten. In die Zuggarnitur, die vor allem aus Silberling-Wagen besteht, hat sich ein dunkelblauer 1.-Klasse-Aüm-Wagen eingereiht.

IM SEPTEMBER 1979 wechselten alle 31 Loks der Baureihe 112 im Tausch gegen 110 von Dortmund zum Bw Hamburg-Eidelstedt. Da auch die Baureihe 103 hier stationiert war, sollten die 112 im Bedarfsfall in deren Laufplänen aushelfen können. In ihren eigenen Umlaufplänen wurde die Höchstgeschwindigkeit der Loks allerdings nur selten ausgefahren. Wie auch bei den „Bügelfalten"-110 besaßen zu diesem Zeitpunkt die meisten Loks bereits nicht mehr ihre Schürzen und Pufferverkleidungen. Bei der 112 494, die hier am 13. Mai 1986 mit einem Schnellzug zwischen dem Hamburger Hauptbahnhof und dem Bahnhof Dammtor rollt, haben bereits die neuen Griffstangen und der Rangiertritt den alten Haltegriff abgelöst, und auch das DB-Schild ist bereits einem auflakkierten Logo gewichen.

112 485 BESPANNTE AM 7. November 1981 den Nahverkehrszug 8615 zwischen Gelsenkirchen Hbf und Wanne-Eickel Hbf und passiert dabei die Hochöfen der „Thyssen-Schalker-Verein AG", die bis Mitte der 1980er-Jahre diese Strecke prägten. Als die Aufnahme entstand, war das Ende von Gelsenkirchens letzter Hochofenanlage bereits absehbar. Im Vergleich mit der Aufnahme auf der linken Seite fällt rasch auf, dass die Lok noch ihr altes DB-Emblem trägt und die ursprünglichen Griffstangen und den mittleren Aufstiegstrittrost besitzt. Sie hat außerdem noch die schmalen grauen Farbzwickel unterhalb der beigen Zierlinie, die noch aus der Zeit der Schürzen und Pufferverkleidung stammt. Seit 1976 wird dieser Bereich ebenfalls rot lackiert.

DIE BILDER dieser Doppelseite zeigen zwei Maschinen aus der letzten 112-Bauserie, die der DB ab Ende 1985 besonders viel Kummer bereiteten. Aus Kostengründen wurden 1968 für die dritte Serie der TEE-Loks statt der teureren Henschel-Drehgestelle die regulären E 10-Drehgestelle verwendet. Nun wiesen die zwanzig 160 km/h schnellen Loks 112 485-504 so starke Verschleißerscheinungen auf, dass die DB ihre Höchstgeschwindigkeit auf 140 km/h begrenzte. Zur Unterscheidung von den regulär für 160 km/h zugelassenen ehemaligen „Rheingold"- und „Rheinpfeil"-112 mit Henschel-Drehgestellen wurden die Loks ab Januar 1988 als Baureihe 114 geführt. Im November 1992 wurde die Höchstgeschwindigkeit noch weiter auf 120 km/h abgesenkt, wodurch die Loks kaum noch einsetzbar waren. Abhilfe gab

es, als durch den Drehgestelltausch mehrere 110 zu 139 mutierten und mehrere gut erhaltene E 10-Drehgestelle zur Verfügung standen. Zwischen 1991 und 1995 erhielten die 114 diese Drehgestelle und konnten immerhin wieder 150 km/h schnell fahren. Entsprechend wurden aus ihnen die 110 485-504, wobei diese Loks – sofern sie noch nicht in den aktuellen DB-Farben umlackiert waren – nun lediglich durch ihren rot-elfenbeinfarbenen Lack aus dem Rahmen fielen. Während links die ehemalige 112 492 bereits mit ihrer neuen Nummer 110 492 die morgendliche Regionalbahn 8111 über die Hohenzollernbrücke in Köln-Deutz zieht, ist rechts die ehemalige 112 498 (jetzt 114 498) am 19. November 1989 mit dem Eilzug 3177 bei Hermannspiegel auf der Nord-Süd-Strecke Kassel – Fulda im Einsatz.

KOMMEN WIR ZURÜCK zu den originalen „Rheingold/-pfeil"-E 10.12 der Jahre 1962/63, die mit den Henschel-Drehgestellen zunächst nicht die Probleme der letzten 112-Serie teilten. Doch auch diese elf Loks wurden im Januar 1991 mit der neuen Baureihenbezeichnung 113 versehen, weil durch die Zusammenführung von DB und DR aus der bisherigen DR-Reihe 212 eine zweite und zahlenmäßig stärkere Baureihe 112 entstanden war. Immerhin ergab sich im IC-Dienst zwischen Hannover, Oldenburg und Bremen in den frühen 1990ern noch ein hochwertiger Dienst, der die nach wie vor in Hamburg stationierten Loks forderte. Oben sehen wir 112 309 mit einem Eilzug am 25. August 1986 im Bahnhof Uelzen. Die Lok ist (als 113 309) auch 2012 noch bei DB Autozug vorhanden, wegen eines Schadens aber abgestellt.

IM DEZEMBER 1991 wurden auch bei den 113 so starke Verschleisserscheinungen am Getriebe festgestellt, dass die Geschwindigkeit auf 120 km/h begrenzt werden musste. In Hamburg waren die elf Loks nicht mehr einsetzbar und wechselten nach München, wo sie Leistungen auf der Mittenwaldbahn übernahmen. Ab 1993 wurden die Getriebe und Motoren überholt, so dass die Loks nach und nach wieder für 160 km/h zugelassen wurden. Von München aus übernahmen sie daraufhin vor allem an Wochenenden Nacht- und Autoreisezüge durch die ganze Republik. So hatte die immer noch rot-beige lackierte 113 265 am 10. März 2002 die Aufgabe, einen langen Nachtzug zu bespannen, den sie hier aus dem Essener Hauptbahnhof in Richtung Dortmund zieht.

Vom Güterzug bis zum Wendezug

E 40: Mädchen für alles

Im Typenprogramm der Einheitselloks war die E 40 als eine langsame Variante der E 10 für den schweren Güterzugdienst auf Hauptbahnen im Flachland und mittelschweren Güterzugdienst im Hügelland vorgesehen. Bei ansonsten gleichem Aufbau und gleicher technischer Ausrüstung sollte sie durch eine andere Getriebeübersetzung lediglich eine Höchstgeschwindigkeit von 100 km/h erreichen (später erhöht auf 110 km/h), war dafür aber in der Lage, durch eine höhere Anfahrzugkraft deutlich schwerere Lasten bewältigen zu können. Auf die zusätzliche elektrische Bremse der E 10 wurde verzichtet, so bremste die E 40 ausschließlich mit der Knorr-Einkammer-Druckluftbremse.

Knapp einen Monat nach der ersten E 10 begann am 21. Januar 1957 die erste Auslieferung dieser Baureihe mit der E 40 004. Genau zwei Monate später wurde die Schwesterlok E 40 005 als erste ihrer Art von der DB abgenommen und dem Betrieb übergeben. Im Gegensatz zu den E 10 wurden die E 40 in Flaschengrün (ab 1962 in Chromoxidgrün) lackiert. Die erste Bestellung aus dem Jahre 1954 umfasste bereits 68 Maschinen. Weitere Lieferlose mit unterschiedlicher Stückzahl folgten. Als 1968 die neuen EDV-gerechten Nummern eingeführt wurden, hatten die Lieferungen der jetzt als Baureihe 140 bezeichneten Loks bereits die Nummer 751 erreicht.

Bei Krauss-Maffei in München-Allach wurden die Loks der Reihen E 10 und E 40 wegen des gleichartigen Lokkastens parallel gefertigt.

BERGZIEGEN FÜR DIE STEILSTRECKEN

Doch schon 1960 gab es eine erste Bauartvariante, nachdem die versuchsweise mit 50 Hz / 20 kV elektrifizierte Höllentalbahn Freiburg – Titisee im Schwarzwald an das sonst übliche 16 2/3 Hz / 15 kV-Netz angeschlossen wurde. Um auf dieser Steilstrecke eingesetzt werden zu können, wurden aus der laufenden Serie die Loks 131-137 und 163-166 abgezweigt und analog zur E 10 mit einer zusätzlichen elektrischen Widerstandsbremse ausgestattet. Sie erhielten 1961 zur besseren Unterscheidung vor ihrer regulären Ordnungsnummer die Tausenderstelle „1" hinzu (E 40 1131-1137, 1163-1166). Bei weiteren 20 Loks (309-316, 552-563), die hauptsächlich für die 1963/64 elektrifizierte Ruhr-Sieg-Strecke und den Schubdienst auf der Steilrampe Erkrath – Hochdahl (Strecke Düsseldorf – Wuppertal) vorgesehen waren, wurde später ähnlich verfahren, wenngleich diese noch eine verstärkte Widerstandsbremse erhielten. Diese insgesamt 31 steilstreckentauglichen Maschinen wurden 1968 als Baureihe 139 eingereiht und vollständig beim Bw Offenburg zusammengezogen. Ab Mitte der 1990er-Jahre wechselten sie nach München, von wo aus auch viele Österreich-Einsätze erfolgten.

879 LOKS FÜR ALLE FÄLLE

Die Beschaffung der 140 endete nach 16 Jahren am 17. August 1973 mit der 140 879, die dem Bw Saarbrücken übergeben wurde. Damit wurde die E 40 mit Abstand zur zahlenmäßig stärksten Elloktype der DB. Auch die Loks der Baureihe 140 unterlagen den technischen und äußerlichen Veränderungen, die bereits die anderen Einheitselloks im Laufe ihrer langjährigen Ablieferungszeit erfuhren: Ab Frühjahr 1960 (beginnend mit der E 40 163) wurden ab Werk die Mehrfachdüsen-Lüftungsgitter mit senkrechten Lamellen und Doppellampen verwendet. Ab E 40 673 (und zuvor schon bei E 40 631 bis 634) schließlich wurde auf die umlaufende Regenrinne verzichtet und diese durch eine kleine Gummileiste oberhalb der Frontfenster ersetzt. Ab der 140 757 wurden die Loks mit Verschleisspufferbohle ausgerüstet, wofür der Lokkasten an den Stirnseiten etwas zurückgenommen wurde. Gleichzeitig erhielten sie nun eckige Klatte-Lüftungsgitter sowie eine Wendezug- und Doppeltraktionssteuerung. Dadurch konnten selbst 4.000 Tonnen schwere Erzzüge mit zwei Loks bewältigt werden.

Alle diese Änderungen wurden in den Folgejahren anlässlich von Hauptuntersuchungen oder Unfallausbesserungen auch bei den E 40 der älteren Lieferungen durchgeführt, ihr Erscheinungsbild aktualisiert und „entfeinert". Seit 1996 wurden die 140 zudem mit neuen eckigen Puffern ausgerüstet, einige auch mit Einholmstromabnehmern. Die Bauartnähe zur 110 sorgte dafür, dass die 139 134 zu einer 110 wurde, umgekehrt wurden insgesamt 18 Kasten-110 der ersten Bauserie mit Tauschdrehgestellen zur Baureihe 139. Dass auch die ursprünglich grüne Lackierung den jeweils aktuellen DB-Farben weichen musste, war selbstverständlich. Doch nicht bei jeder der alle acht Jahre stattfindenden Hauptuntersuchungen wurde den Loks ein Neulack spendiert, so dass ab den späten 1990ern die 140er sowohl im alten Grün, in Ozeanblau-Elfenbein, Orientrot und auch Verkehrsrot im Einsatz standen.

Wie kaum eine zweite Baureihe wurde die E 40 zum Inbegriff der Selbstverständlichkeit auf elektrifizierten Bahnstrecken. Ob sie mit zwei Silberlingen zwischen dem österreichischen Reutte (Tirol) und Garmisch-Partenkirchen pendelte oder schwere Ganzzüge durch Flusstäler zog: Fast überall, wo Fahrdraht hing, fuhr die E 40. Dabei wurde die Lok bei einzelnen Betriebswerken auch gerne im Personenverkehr eingesetzt. Im Großraum Nürnberg beispielsweise setzten die Eisenbahner in den 1970er-Jahren die wendezugfähigen 140er der letzten Bauserie gerne im Vorortverkehr ein, wo sie wegen ihrer Vielseitigkeit der 141 vorgezogen wurde.

Durch die Ablieferung zahlreicher Neubaulokomotiven und der Wirtschaftskrise ab 2008 sind 2012 nur noch eine Handvoll 140 und 139 bei der Deutschen Bahn AG bzw. ihrer Gütersparte DB Schenker Rail im Einsatz. Doch auch wenn diese vielgelobte Lok bei der deutschen Staatsbahn nach fast 55 Einsatzjahren ausgedient hat, werden einzelne Loks bei privaten Verkehrsunternehmen weiterhin zu sehen sein: Zum Jahreswechsel 2011/2012 befanden sich mehrere Loks in Hauptuntersuchung, die künftig unter neuer Fahne auf die Schiene zurückkehren.

Elektrisch durch das Rheintal: Die Autos müssen warten, bis E 40 329 mit ihrem Güterzug einen nahen Bahnübergang bei Hirzenach passiert hat (2. August 1961).

SCHWEIGER-LÜFTER, alte Regenrinne und Umlaufgriffstange, grüner Lack und die alten großen Lampen: So wie sich die 140 120 (Bw Köln-Deutzerfeld) am 7. September 1981 bei Mainz-Kostheim vor einem Güterzug präsentiert, muss man sich die ersten E 40 bei ihrer Auslieferung im Jahre 1957 vorstellen – damals aber natürlich noch nicht mit EDV-lesbarer Nummer und Lokschildern. Erst 1984 wurde das Aussehen der Lok bei einer Hauptuntersuchung nachhaltig verändert. Die Maschine war 37 Jahre lang in Köln stationiert und wechselte erst 1996 nach Saarbrücken und 2002 schließlich nach Seelze. Sie stand noch bis 2008 im Einsatz und wurde 2009 verschrottet.

DIE MEHRHEIT der E 40 sah bei ihrer Auslieferung so aus wie die im November 1964 in Dienst gestellte E 40 504, die hier am 25. April 1968 in Hamburg-Wilhelmsburg für den Fotografen posiert: Nummernschilder an den Fronten, Doppeldüsenlüfter und Regenrinne waren zu diesem Zeitpunkt Standard bei den Einheitselloks. Die UIC-Steckdose an der Front fehlt dagegen noch, und mit ihr auch der Rangierertritt und die kleinen Handgriffe. Die Lok gehörte damals zum Bw Hamburg-Eidelstedt, das überhaupt erst 1965 durch den Fahrdraht erreicht wurde. Die Eidelstedter E 40 wurden in diesen Jahren zumeist nur im Großraum Hamburg eingesetzt und erreichten keine beachtlichen Laufleistungen. Glück für den Fotografen, dass die Lok nicht bereits die zum Aufnahmezeitpunkt gültige neue Nummer 140 504-2 trägt.

ENTLANG DER Strecke Augsburg – München gehörte der Ortsblick auf das kleine Dörfchen Hochdorf zu den Klassikern unter den Fotomotiven. Hier begegnet uns am 3. Oktober 1995 die 140 282 vom Betriebshof Hagen-Eckesey. Obwohl die grüne Farbgebung bei der Deutschen Bundesbahn schon 1975 zu den Akten gelegt wurde, konnte man auch in den 1990er-Jahren noch viele Einheitselloks mit ihren ursprünglichen Farben antreffen. Lediglich das Emblem der Deutschen Bahn AG wirkt etwas deplaziert auf der Lok, die mit ihrem sehr kurzen Güterzug nicht an ihre Leistungsgrenze stoßen dürfte. In Cottbus bekam die Lok 1996 den orientroten Lack. Sie wurde 2001 mit einem Schaden am Transformator abgestellt und nicht wieder repariert.

AM 11. OKTOBER 1994 überquert die 1966 von Krupp gebaute 140 610 die Ruhr am Kaiserberg bei Duisburg-Duissern mit einer fotogenen Spiegelung ihres Kohlezugs. Die in Seelze beheimatete Lok hatte bereits 1989 die neue und recht kurzlebige orientrote Lackierung erhalten, die sie bis zu ihrer unfallbedingten Ausmusterung und Verschrottung im Jahre 2002 behalten sollte. Was für die E 10 galt, galt auch in diesem Punkt für alle Einheitselloks: Die Farbgebung erwies sich nicht als sonderlich beständig und blich nach einigen Jahren stark aus. Nach einigen Jahren wirkten viele Lokomotiven „schweinchenrosa". So änderte die Deutsche Bahn AG schon 1997 wieder die Farbgebung ab und führte die auch heute noch aktuelle verkehrsrote Farbe ein.

BEI WITZENHAUSEN an der Strecke Kassel – Eichenberg befindet sich der kleine Posten 125, den 140 818 am 6. Mai 1995 mit einem langen Güterzug passiert. An diesem Frühlingsmorgen bietet sich ein schöner Blick auf das Werratal mit sanft geschwungenen Hügeln und gelben Rapsfeldern. Die in Hagen stationierte Lok trägt bereits seit 1989 die orientrote Farbgebung, die auch die Dachaufbauten umfasste – unter dem unvermeidlichen Betriebsdreck lässt sich das noch erkennen. Sie stammt aus der letzten Bauserie dieser Baureihe, die mit Wendezug- und Doppeltraktionssteuerung ausgerüstet ist. Außerdem sind bei diesem Baulos von 1971 serienmäßig Verschleisspufferbohlen verwendet worden, für die der Lokrahmen im Pufferbereich etwas eingezogen wurde.

ST. GOARSHAUSEN unterhalb des weltberühmten Loreleyfelsens auf der rechten Rheinseite gehört zu den Motivklassikern der Eisenbahnfotografie. Schon Generationen von Bahnfans standen hier am oberen Mittelrhein, um das einmalige Ensemble mit der Burg Katz (eigentlich Burg Neu-Katzenelnbogen), dem historischen Stadtturm aus dem 14. Jahrhundert und dem alten Kran am Rheinufer gemeinsam mit der Eisenbahn zu fotografieren. Am 17. Mai 1990 rauscht hier die grüne 140 299 des Bw Mannheim 1 mit einem langen Güterzug Richtung Süden. Zu diesem Zeitpunkt waren Loks ohne DB-Emblem auf der Front bereits recht selten. Auf der Rechten Rheinstrecke dominierte stets der Güterverkehr, während der Fernverkehr vorrangig die Hauptstrecke auf der linken Rheinseite benutzte.

NEBEN DER Getriebeübersetzung war es vor allem die fehlende elektrische Widerstandsbremse, die die E 40 von der E 10 unterschieden. Doch für den Einsatz auf Steilstrecken wurden 31 Loks wiederum mit elektrischer Bremse ausgerüstet und als E 40.11 eingereiht. Im neuen EDV-Nummernschema waren vierstellige Ordnungsnummern nicht vorgesehen, weswegen aus den Steilstrecken-E 40 nun die Baureihe 139 wurde. Hier begegnen uns 139 165 und 139 557 am 21. Juli 1984 zwischen Engen und Hattingen (Baden). Die 557 durchlief erst einen Monat zuvor eine Hauptuntersuchung in München-Freimann, weswegen die Stromabnehmer noch intensiv rot leuchten. Sie besitzt bereits die nachträglich eingebauten Klatte-Lüftungsgitter, während in 139 165 noch die originalen Mehrfachdüsenlüfter eingebaut sind.

DER „ERSTLING" unter den E 40 ist zumindest der Nummerierung nach die im Juli 1957 ausgelieferte E 40 001, die uns hier (als 140 001-9) am 23. Juli 1988 unterhalb des Watzmanns zwischen Berchtesgaden und Bischofswiesen begegnet. Die Höchstgeschwindigkeit von nur 110 km/h machte E 40-Einsätze im Schnellzugverkehr normalerweise fast unmöglich, aber auf der bogenreichen Strecke Freilassing – Berchtesgaden war die Streckenhöchstgeschwindigkeit ohnehin so stark begrenzt, dass Fernzüge wie der FD 1922 „Berchtesgadener Land" auch von Güterzugloks wie 140 und 151 gezogen wurden. Erahnen kann man, dass die Lok auf der dem Zug zugewandten Seite noch die alten großen Lampen trägt, die auf der anderen Seite aber bereits durch Doppelleuchten ersetzt wurden.

DIE AUF DER VORSEITE berichtete Praxis, dass die Werkstätten bei größeren Arbeiten die alten Lampen durch die moderneren Doppelleuchten ersetzen, setzt sich auch bei dieser Lok fort: 140 091 durchfährt am 28. März 1989 mit Eilzug 3891 das Neckartal bei Zwingenberg (Baden) und besitzt einseitig bereits die neuen Lampen. Die in Mannheim stationierte Maschine hat hier noch die alte umlaufende Griffstange und den Trittrost, die ursprünglich für die Reinigung der Scheiben vorgesehen war. Die Handgriffe und der Auftritt zum besseren Erreichen der UIC-Steckdose fehlen hingegen. Ganz „nebenbei“ sehen wir hier die andere Seite der Höhenburg Zwingenberg aus dem 13. Jahrhundert, die uns bereits auf Seite 34 begegnet ist.

ZWEI 140 in Doppeltraktion konnten gemeinsam beachtliche Lasten bewegen, weswegen die letzten Loks mit Vielfachsteuerung ausgerüstet wurden. 140 724 und 140 872, beide vom Bw Saarbrücken, schleppen am 25. Mai 1989 einen langen Ganzzug durch das Werratal zwischen Bad Sooden-Allendorf und Eschwege über die Nord-Süd-Strecke südwärts. Ausgerechnet die führende 140 724 ist allerdings eine der Loks, welche keine Vielfachsteuerung besitzen, weswegen diese Lok offenbar nur der zweiten Zugmaschine vorgespannt ist – entsprechend sitzen zwei Lokführer in den Führerräumen. Auf der anderen Flussseite sehen wir das kleine Örtchen Kleinvach. Zum Aufnahmezeitpunkt verlief die damalige innerdeutsche Grenze nur wenige Kilometer weiter östlich, so dass sich das Dorf mitten im Zonenrandgebiet befand.

ALS GÜTERZUGLOKS gelangten die 140 ab 1999 zum DB-Tochterunternehmen DB Cargo AG, das in den folgenden Jahren noch mehrere Namensänderungen durchmachen sollte. Ab 1997 ersetzte die verkehrsrote Lackierung die eher unglückliche Farbwahl der Vorjahre. Am 7. April 2002 rollt 140 806 mit einem Güterzug am Weserufer durch Porta Westfalica Richtung Ruhrgebiet und trägt an den Seitenwänden in großen Lettern den Namen der Gütersparte. Die Lackierung des grau abgesetzten Unterteils machte den Werkstätten bei den 140 der letzten Bauserie etwas Probleme, denn diese besaßen eine kleine Lufteinlassöffnung in der Front, erkennbar unter dem DB-Emblem. Dadurch blieb kaum Platz für die Betriebsnummer, weswegen bei diesen 140 der graue Rahmenbereich etwas tiefer und schmaler ausgeführt wurde.

ZURÜCK ZU DEN E 40.11, deren erste Loks 1961 speziell für die Höllentalbahn Freiburg (Breisgau) – Neustadt (Schwarzwald) beschafft wurden. Am 7. September 1994 kämpft sich die 1964 gebaute 139 312 mit dem Eilzug 3628 über den 1926 gebauten Ravennaviadukt. Die Brücke ist 36 Meter hoch, 224 Meter lang und überwindet eine Steigung von zwö Metern, bevor die Strecke direkt anschließend im Tunnel verschwindet. Im Hofgut nahe des Ravennabaches haben bereits Marie Antoinette und Johann Wolfgang von Goethe einst Quartier bezogen. Die 139 waren jahrzehntelang Stammloks im Höllental. Erst in den 1990er-Jahren verlagerte sich ihr Einsatzgebiet in den Güterzuglanglauf, wobei die Loks von München aus gerne auch bis zum Brenner eingesetzt wurden.

DIE 140 MIT Vielfachsteuerung waren auch im Wendezugdienst in Nürnberg sehr begehrt. Nürnberg hatte 1969 den E 40-Bestand aus Bamberg übernommen und setzte die Loks ausschließlich im Vorortnahverkehr und sogar im D-Zug-Dienst zwischen Nürnberg und Probstzella ein. Die älteren Loks wurden rasch durch Maschinen der letzten Bauserie ersetzt und bildeten mit Silberling-Wendezügen jahrelang das Rückgrat des Nahverkehrs in der Frankenmetropole. Zwischen 1977 und 1983 musste Nürnberg allerdings seinen 140-Bestand gegen die ungeliebteren 141 austauschen, die im Ruhrgebiet freiwurden. Als 140 840 am 10. Juli 1982 ihren Wendezug durch Nürnberg-Eibach in Richtung Hauptbahnhof schob, waren deshalb die Tage der E 40 hier bereits gezählt.

EINEN SCHWEREN Autozug hat die 139 145 (Bh München) am 24. September 1994 am Haken, als sie bei der Fahrt durch das Ruhrgebiet in Herne-Wanne einen der in dieser Region typischen Schrebergärten an der Plutostraße passiert. Die frische Beklebung der Baureihennummer verrät: Hier handelt es sich eigentlich um eine E 10! Tatsächlich rückte die Lok einige Monate zuvor noch als 110 145 in das AW Opladen ein. Dort spendete sie ihre gut erhaltenen Drehgestelle einer 114 und erhielt nach kleineren Anpassungsarbeiten solche einer ausgemusterten 140. Ansonsten wurde an der Lok nicht viel verändert, und auch einen frischen Lack (in Verkehrsrot) sollte es erst 2001 wieder geben. Dank ihrer elektrischen Bremse konnte die Lok noch bis Anfang 2009 im Güterverkehr verwendet werden.

IN DEN ERSTEN Bauserien der E 40 wurde die grundsätzliche Möglichkeit zur Nachrüstung einer Wendezugsteuerung (bei manchen sogar eine Vielfachsteuerung) bereits ab Werk vorgesehen. Doch nur bei den „Höllentalloks" 139 131-133, 135-137 und 309-316 wurde das Steuerkabel tatsächlich eingebaut und die Loks dadurch wendezugtauglich. Hier sehen wir 139 316 (Bw Offenburg) am frostigen 16. Februar 1984 im verschneiten Bahnhof Neustadt (Schwarzwald), dem Endpunkt der elektrifizierten Höllentalbahn. Die Lok fällt etwas aus dem Rahmen, da sie seitlich noch ihre alte Blechregenrinne besitzt, aber auf der Front bereits die neue Gummiregenrinne trägt. Bei „kleinen" Revisionen wurden vielfach nur die Frontseiten der Loks überarbeitet, so dass solche „Zwischenzustände" bei manchen Maschinen entstanden.

DIE NORD-SÜD-STRECKE Hannover – Fulda – Würzburg war nach dem Ende des Zweiten Weltkrieges bis zur Eröffnung der weitgehend parallelen Schnellfahrstrecke Hannover – Würzburg die bedeutendste und meistbefahrene Verbindung der Deutschen Bundesbahn zwischen Nord- und Süddeutschland. Auch heute herrscht hier noch dichter Güterverkehr, und nach wie vor sind hier die letzten 140 regelmäßig im Einsatz zu erleben. Am 25. Mai 1989 rollte eine orientrote 140 mit einem langen Güterzug über die Werrabrücke bei Oberrieden. Die 1945 gesprengte Brücke wurde zwischen 1947 und 1949 in der heutigen Form wieder aufgebaut. Nur wenige hundert Meter entfernt verlief die innerdeutsche Grenze, die erst ein halbes Jahr nach dieser Aufnahme ihren Schrecken verlieren sollte.

ERST 1974 WAR die Saar- und Moselstrecke durchgehend unter Fahrdraht. Der Erzverkehr von den Nordseehäfen zur Dillinger Hütte sorgt auch heute für schwerste Zuglasten, für die die doppeltraktionsfähigen 140 neben Loks der Baureihe 151 prädestiniert waren. Bei einem Zuggewicht von rund 4.000 Tonnen gerieten die Schraubenkupplungen jedoch an das Ende ihrer Belastbarkeit, weswegen die Erzwagen untereinander mit automatischer Kupplung verbunden sind. In den 1970er-Jahren wurden die Loks 140 776, 777 und 793 mit dieser „AK" nachgerüstet, damit sie direkt mit den schweren vierachsigen Erzwagen gekuppelt werden konnten. Ein gelbes Hinweisschild wies auf die Sonderausstattung hin. Hier sehen wir 140 777 gemeinsam mit 140 845 bei Saarhölzbach (29. August 1978).

ZWISCHEN DEM Duisburger Hauptbahnhof und den im Süden der Montanstadt liegenden Stadtteilen Wedau und Bissingheim pendeln seit Jahrzehnten Triebwagen und Wendezüge und stellen einen S-Bahn-artigen Nahverkehr her. In den 1990er-Jahren war zeitweise eine Garnitur aus einer 141, einem 1./2.-Klasse-Wagen und einem Steuerwagen der Normalfall. Doch massiver Steuerwagenmangel führte gelegentlich auch zu kuriosen Zugbildungen wie hier am 5. August 1994, als an Stelle des Steuerwagens die orientrote 140 579 aushelfen musste. Am anderen Zugende arbeitete brav die reguläre Zuglok 141 449 für die Fahrten in die entgegengesetzte Richtung. In einer Dienstschicht muss der Lokführer viele Male die Loks wechseln. Es ist anzunehmen, dass es im Berufsverkehr recht eng in der 2. Klasse wurde.

SEIT 2004 WERDEN an den 140 keine neuen Hauptuntersuchungen mehr ausgeführt, so dass die Loks nach Erreichen ihrer Achtjahresfrist oder ihres Laufkilometergrenzwertes ausgemustert werden. Nur das Münchener Logistik-unternehmen „Lokomotion Gesellschaft für Schienentraktion" übernahm zwischen 2004 und 2007 acht 139 und eine 140 und verpasste den Loks einen blau-weißen Zebra-Anstrich. Seit 2011 verkauft DB Schenker aber auch seine gebrauchten E 40 an private Verkehrsunternehmen. Und so werden künftig einige bunte Loks von EVB Cargo, der BayernBahn und der Eisenbahngesellschaft Potsdam zu sehen sein. Und auch die PRESS in Jöhstadt hat sich zwei 140 gesichert: Die ex. 140 831 kehrt im schmucken Blau auf die Strecke zurück. Im Januar 2012 ging sie in Dessau der Fertigstellung entgegen.

IN IHREN letzten Einsatzjahren erhielten viele 140 noch Einholmstromabnehmer der Bauart SBS 65 und neue Puffer, die das Aussehen der Loks nachhaltig veränderten. Am 30. Mai 2009 sehen wir hier die 140 634 mit einem leeren Containerflachwagenzug vor der imposanten Kulisse der Kokerei Prosper in Bottrop-Wellmich. Die Lok macht äußerlich bereits keinen guten Eindruck mehr, und schon wenige Tage nach dieser Aufnahme, am 9. Juni, wird sie abgestellt und 2010 ausgemustert. An dieser Lok fehlen die Eigentumsmerkmale an der Seite – nachdem sich die Güterverkehrssparte der Deutschen Bahn AG von DB Cargo zu Railion Deutschland und zuletzt 2009 zu DB Schenker Logistics umbenannt hatte, bleiben die Seitenwände auf den meisten Loks in jüngster Zeit zunehmend leer.

Leicht und schnell im Nahverkehr

E 41: Sektkorken und Knallfrosch

Lokführer auf der E 41: Die Arbeitsplätze waren für die 1950er-Jahre hochmodern ausgestattet.

Im Typenprogramm der Einheitselloks kam der E 41 die Rolle der leichten Nahverkehrszuglok zu, die vor allem als Ersatz für überalterte Vorkriegs-Elloks geplant war. Da diese Maschine auch auf weniger gut ausgebauten Nebenbahnen zum Einsatz kommen sollte, wurde besonderer Wert auf eine niedrige Achslast von maximal 16 Tonnen gelegt. Gleichzeitig sollten bei dieser Loktype größtmögliche Einsparungspotenziale ausgeschöpft werden. Der Einbau der 36-poligen Wendezugsteuerung, die in den E 10-Vorserienloks bereits erprobt wurde (aber in den Serien-E 10 und E 40 aus Kostengründen zunächst unterblieb), war hier allerdings obligatorisch und sollte nun zu einer flächendeckenden Einführung geschobener Personenzüge führen.

Die anfangs sehr niedrig angesetzten Leistungsanforderungen wurden in der Entwicklungsphase erhöht, um die Loks auch für leichten Hauptbahndienst tauglich zu machen: Statt geplanter 100 sollten die Loks 120 km/h fahren, die Dauerleistung wurde auf 2.310 kW festgesetzt. Die Federführung des Baus übernahm Henschel in Kassel gemeinsam mit BBC.

ERSTE EINHEITSELLOK ÜBERHAUPT

Am 29. August 1956 nahm die Deutsche Bundesbahn die E 41 001 als erste Serien-Einheitsellok überhaupt ab und beheimatete sie in München. Sie gehörte zu einer ersten Bestellung vom 1. Juli 1954 über nur zwei Loks. Bald darauf folgten weitere Lieferlose.

Mit 15,62 m Länge über Puffer konnte die E 41 rund 80 cm kürzer ausfallen als E 10 und E 40. Als Fahrmotoren wählte man kleinere zehn-polige Motore, die gleichzeitig in leicht veränderter Form auch beim ET 30 verwendet wurden. Der geringeren Leistung entsprechend entschieden sich die Verantwortlichen für einen Loktransformator mit Niederspannungssteuerung, da dieser wiederum Kosten und Gewicht einsparen konnte. Durch dessen kleinere Abmessungen benötigte die E 41 keine zusätzlichen Dachaufbauten.

In den Seitenwänden wurden nur fünf Öffnungen für Lüfter und Maschinenraumfenster vorgesehen. Ähnlich wie bei der E 40 wurde bei der E 41 auf eine elektrische Widerstandsbremse verzichtet.

Das laut knallende Schaltwerk, das ihr die Spitznamen „Sektkorken" oder „Knallfrosch" einbrachte, gehört zu den Markenzeichen dieser Baureihe, die so mancher Bahnanrainer bei der nächtlichen Anfahrt am nahegelegenen Haltepunkt verflucht haben dürfte. Die anderen Einheitselloks mit Hochspannungssteuerung schalteten wesentlich unauffälliger.

Wie vor allem die E 10, kämpfte auch die E 41 in ihren ersten Einsatzjahren mit schlechten Laufeigenschaften, die durch eine mangelhafte Achsfederung und Rahmenabstützung verursacht wurden. Bei allen Loks wurde nachgearbeitet. Im Übrigen bewährte sich diese Baureihe, wie alle anderen Typen des Einheitsellok-Programms, hervorragend. Insgesamt 451 Loks wurden in mehreren Serien bis Februar 1971 hergestellt, wobei die letzten bereits mit der neuen EDV-Nummer 141 ausgeliefert wurden. Im Laufe ihrer Einsatzjahre kristallisierte sich der Wendezugverkehr in Ballungsräumen als Haupteinsatzgebiet heraus. Im Ruhrgebiet dienten die Loks auch im S-Bahn-Vorlaufbetrieb mit Silberling-Wendezuggarnituren.

Selbstverständlich gab es auch bei den E 41 zahlreiche Detailvarianten im Laufe der Jahre. Die bereits von den anderen Einheitselloks bekannten Änderungen griffen selbstredend auch bei der E 41. Ab der E 41 121 (ausgeliefert Januar 1960) ersetzten die bekannten Doppellampen die großen Einfachlaternen, außerdem kamen die Mehrfachdüsen-Lüftungsgitter mit senkrechten Stäben serienmäßig zum Einbau, nachdem diese bereits 1959 in einigen E 41 erprobt wurden. Die letzten fünf Loks (141 447-451) wurden mit einer neu entwickelten elektrischen Netzbremse ausgerüstet, die neben der Minderung des Bremsklotzverschleißes beim Bremsvorgang Energie zurück in die Oberleitung speiste. Diese Loks erhielten einen zusätzlichen Dachaufbau und wogen immerhin 5,5 t mehr. Der Abbau der umlaufenden Regenrinne, die Anbringung des kleinen Handgriffs auf den Stirnfronten und der spätere Einbau neuer eckiger Klatte-Lüftergitter war auch bei der E 41 obligatorisch und führte zu einer Vielzahl optischer Varianten. Für den Einsatz vor den x-Wagen der S-Bahn Nürnberg erhielten die Loks 141 436-442 ab 1987 eine Zeitmultiplexe Wendezugsteuerung.

BUNTER PARADIESVOGEL

In puncto Farbgebung entwickelte sich die E 41 rasch zu einem wahren Paradiesvogel: Laut der damaligen DB-Richtlinien sollten Loks mit einer Geschwindigkeit von 120 km/h und mehr Stahlblau lackiert wurden, weswegen E 41 001-071 diese Farbe erhielten. Das erschien der DB bald aber mit der Erkenntnis, dass die weit weniger werbewirksamen Altbauelloks E 04, E 16 und E 17 auch in diese Kategorie fallen, nicht mehr als passend. Ergo wurde die Richtlinie hochgesetzt und ab der E 41 072 erhielten die Loks grünen Lack. Dies passte auch besser zu den grünen Nahverkehrswagen und war nicht ganz so schmutzempfindlich. Schmutz war auch der Grund, weswegen bei einigen Loks der Rahmen nicht Schwarz, sondern Grau oder gar Ockerfarben ausgeführt wurde. Selbstverständlich machte die 141 auch die ozeanblau-elfenbeinfarbene (1975-1987), die orientrote (1987-1997) und die verkehrsrote Farbära (seit 1997) mit. Davon abgesehen gab es aber auch noch einige bemerkenswerte Farbgebungen wie die S-Bahn-Farben für Nürnberg (ab 1987) oder die 141 248 in einem asymetrischen blau-beigen Versuchsanstrich.

Die Baureihe 141 wurde ab Mitte der 1990er-Jahre durch Neubeschaffungen der Deutschen Bahn AG ersetzt. Die letzten Loks wurden im Dezember 2006 abgestellt. Die 141 228 bleibt als betriebsfähige Museumslok in Darmstadt erhalten, während die E 41 001 vom DB Museum in ihrem ursprünglich blauen Lack restauriert wurde. Daneben sind neun weitere Loks bei verschiedenen Initiativen erhalten.

Für Wartungsarbeiten wurde der Lokkasten auf Böcken als Ganzes angehoben und die Drehgestelle abgefahren (E 41 041 im AW Opladen, 1958).

E 41 149 wurde die „1000. elektrische Betriebslokomotive" der DB. Das war Grund genug, die 1960 von Henschel gelieferte Lok entsprechend zu beschildern.

AM 16. NOVEMBER 1956 wurde E 41 005 als eine der ersten Einheitselloks der DB abgenommen und dem Bw München Hbf übergeben. Die ersten Gehversuche der E 41 fanden selbstverständlich auch bildlich Eingang in die damaligen Technikpostillen, und so sehen wir hier die Lok vermutlich im Winter 1956/57 in ihrer blauen Ursprungsfarbgebung, in der die ersten 71 Maschinen die Werkhallen verließen. Nachdem zumindest E 41 001 und 004 kurzzeitig auch Maschinenraumfenster erhielten, wurde dies bei den weiteren fertiggestellten E 41 zugunsten weiterer Lüftungsgitter unterlassen. Von den gerade erst eingeführten DBS 54-Stromabnehmern muss eigentlich nur einer am Fahrdraht anliegen, doch dürfte hier die Macht der Gewohnheit noch eine Rolle gespielt haben.

NICHT ZUM ERSTEN MAL besuchen wir die imposante Bahnhofshalle des Frankfurter Kopfbahnhofs in diesem Buch. Wir sehen eine ungewöhnliche Vorspannleistung der grünen E 41 407 vor einer abgebügelten blauen E 10, aufgenommen am 10. April 1966. Die von Henschel gebaute E 41 war zu diesem Zeitpunkt gerade erst einen Monat alt. Noch glänzen Stromabnehmer und die rot angemalten Verbindungsleitungen, während sich an der E 10 bereits die obligatorische „Patina" des Betriebsdienstes festgesetzt hat. Die E 41 407 befand sich damals im Bestand des Bw Köln-Deutzerfeld, welches im September 1968 die Unterhaltung dieser Baureihe zugunsten anderer Betriebswerke aufgab und stattdessen in den Folgejahren den E 10- und E 40-Bestand vergrößerte.

„FAST NEU" scheint E 41 350 auf dieser Aufnahme zu sein, die am 26. April 1968 in ihrem Heimatbetriebswerk Hamburg-Eidelstedt entstand und schön die Details des Fahrwerks zeigt. Eidelstedt hatte zu dieser Zeit nur einen relativ kleinen E 41-Bestand von rund zehn Loks, die vornehmlich zwischen Hamburg-Altona und Lüneburg zum Einsatz kamen. Erst mit dem elektrischen Lückenschluss zwischen der Alster und dem Ruhrgebiet im September 1968 wuchs der Bestand auf über 20 Loks an, da die E 41 nun auch Richtung Bremen und Osnabrück eingesetzt werden konnten. Die 141 350 blieb Zeit ihres gesamten „Lokomotivlebens" eine norddeutsche Maschine und wurde 2006 in Braunschweig aus dem Dienst genommen.

4. MAI 1967: Die E 41 068 verlässt mit einem Wendezug die hessische Landeshauptstadt mit dem denkmalgeschützten Biebricher Wasserturm aus dem Jahre 1897. Das Schwarzweiß-Foto lässt leider kaum Rückschlüsse zu, ob die Maschine noch in der blauen Lackierung im Einsatz steht oder bereits das für Neulackierungen festgelegte Grün trägt – in den 1960er-Jahren waren die Umlackierungen in vollem Gange. Die 1959 gelieferte Lok blieb bis zu ihrer Ausmusterung im Jahre 1998 stets in Frankfurt (Main) stationiert und diente anschließend noch jahrelang im Bahnhofsvorfeld der Mainmetropole als Schulungsobjekt. Sie wurde daraufhin an einen Privatmann verkauft, doch auch 2012 steht die grüne Lok unverändert an ihrem Standort in Frankfurt und verfällt zusehends.

DER PERSONENZUG 5152 verlässt am 30. April 1980 Donauwörth auf dem Weg nach Nördlingen bzw. Stuttgart. Die Bespannung mit zwei 141 war damals planmäßig, und während die abgebügelte 141 220 (Bw Stuttgart) sich ziehen lässt, obliegt der Münchener 141 003 die eigentliche Arbeit. Wieder einmal lohnt ein Blick auf die Details, denn bei der Zuglok wurden die umlaufende Regenrinne bereits abgebaut und das Dach grün nachlackiert. Die Lokschilder wurden zu diesem Zeitpunkt bereits durch auflackierte DB-Embleme ersetzt, was hier noch nicht geschehen ist. Für den Fotografen war dieser Zug seinerzeit eher enttäuschend, denn in der vorangegangenen Fahrplanperiode war dies noch eine gemeinsame Leistung einer Münchener 110 und einer Stuttgarter 144.

DAS WAR MAL Alltag in vielen DB-Bahnhöfen, und so auch in Darmstadt Hbf: 141 103, 141 144 und 141 104 treffen sich am 28. Oktober 1984 in der markanten Bahnhofshalle der Wissenschaftsstadt. Alle drei stehen am Zugende von Wendezügen, die sie zu ihren Zielen schieben werden. Zum Aufnahmezeitpunkt gehört die mittlere Lok zum Bw Mainz, während die Schwesterloks mit den alten Einfachlampen zum Bw Frankfurt (Main) gehören. Recht selten war bei den Einheitselloks der inverse „DB-Keks" anzutreffen, den die 141 144 trägt: Faustregel war, dass die „DB"-Lettern hell auf dunkel erscheinen sollten. Zwar hatte die DB sowohl für einen hellen als auch dunklen Untergrund verschiedene Schablonen, doch wenn die Werkstatt die falsche verwendete, erschien das bekannte Emblem – wie hier zu sehen – negativ.

AB 1983 WURDE Nürnberg zu einer Hochburg der Baureihe 141, nachdem die Bestände der Betriebswerke München Hbf und Würzburg hier zusammengefasst wurden und weitere Loks zur Ablösung der letzten 140 im Wendezugdienst eintrafen. In den Jahren 1986 und 1987 beheimatete die Frankenmetropole über 100 der 451 gebauten Loks, die in ganz Bayern zum Einsatz kamen. Eine von ihnen ist 141 398, die hier mit N 5154 am 13. Juli 1989 durch das mainfränkische Städtchen Gemünden „knallt" und soeben die Fränkische Saale überrollt, welche nur wenige Meter weiter in den Main mündet. Bemerkenswert ist der in Zugmitte eingestellte Postwagen.

WIR BLEIBEN IN Mainfranken und schauen nach Würzburg: Gelegentlich halfen 141 auch im Güterzugdienst aus, auch wenn solche Bespannungen eher die große Ausnahme darstellen. Die Nürnberger 141 016 gibt sich hier am 11. Mai 1988 mit einem Güterzug die Ehre. Diese Lok fällt wegen ihrer uneinheitlichen Bestückung mit Lüftergittern aus dem Rahmen, denn an die zweite Stelle von rechts hat sich deutlich sichtbar ein Klatte-Gitter zwischen die Mehrfachdüsengitter „gemogelt“. Auf der anderen Lokseite sind die Klatte-Exemplare sogar gleich zweimal vertreten. Solche gemischte Bestückungen entstanden je nach Verfügbarkeit der Bauteile im zuständigen Ausbesserungswerk München-Freimann und sind auch in ähnlicher Form von 141 009 und 141 011 bekannt geworden.

BEREITS IN DEN 1960er-Jahren wurde im Ruhrgebiet ein S-Bahn-ähnlicher Verkehr mit E 41 und Silberling-Wendezügen aufgezogen. 1974 wurden erstmals einige Triebzüge der Baureihe 420/421 in Düsseldorf stationiert, doch diese reichten nur für die Bedienung einzelner Linien. Bei der Suche nach Alternativen baute das AW Karlsruhe 1977 einen neuen vierteiligen Versuchszug mit neuer Inneneinrichtung, Schwenkschiebetüren der Bauart „Bode“ und Einstiegen auf S-Bahn-Niveauhöhe. Die ozeanblau-elfenbeinfarbene Farbgebung wurde – wie bei der Hamburger S-Bahn – mit blauem Fensterband ausgeführt, um die Sonderstellung des Zuges zu dokumentieren. Als passende Zuglok erhielt 141 248 im Januar 1977 eine passenden asymmetrischen Anstrich. Dabei sollte im Idealfall die Lok mit dem Führer-

raum 2 zum Zug gekuppelt werden. Auf der rechten Seite ist die vollständige Zuggarnitur am 3. Februar 1979 im S-Bahn-Einsatz am Ruhrufer bei Bochum-Dahlhausen zu sehen. Die Lok trägt ein grünes „S“-Metallschild, das an der Griffstange befestigt wurde. Doch in der Praxis gab es Probleme mit der an sich guten Idee: Um die Lok nicht einseitig abzunutzen, musste sie alle vier Wochen gedreht werden, so dass dann die „falsche“ Front vor dem Zug zu sehen war. Dies sah nicht sonderlich vorteilhaft aus, wie das Bild auf Seite 94 verdeutlicht – hier steht 141 248 neben dem „Eierkopf“ 430 406 am 6. Januar 1981 im Oberhausener. Letztlich blieb es bei diesem Versuchszug. 1979 wurden die vollständig neu entwickelten x-Wagen für die S-Bahn Rhein-Ruhr vorgestellt (siehe auch Seite 100) und der Zug getrennt.

NOCH EIN farblicher Sonderling unter den ozeanblau-elfenbeinfarbenen 141 war die 141 378 (Bw Nürnberg Hbf), die neben der bereits vorgestellten 141 248 des „Karlsruher Versuchszugs" ebenfalls mit einem blauen Dach im Einsatz stand. Die beiden 141er waren die einzigen Einheitselloks mit ozeanblauen Dächern, und nicht wenige Eisenbahnfans und -fotografen sind der Meinung gewesen, dass diese Farbvariante auch den übrigen Einheitselloks deutlich besser gestanden hätte. Am 4. Juli 1983 steht die Maschine im Nürnberger Hauptbahnhof bereit – einige Jahre später wurde das Dach beige nachlackiert, so dass diese Lok nicht mehr aus der Masse der 141 herausstach. Sie wurde im März 2004 in Dortmund ausgemustert und anschließend verschrottet.

SCHON 1950 wurde die Bahnstrecke Nürnberg – Regensburg, von der wir in diesem Buch mehrere Fotos sehen, elektrifiziert. Sie besitzt große Bedeutung für den Fernverkehr nach Österreich und den Güterverkehr. Bei Etterzhausen ist diese Nürnberger 141 gerade auf dem Weg durch das Naabtal in Richtung Regensburg und erlaubt uns einen Blick auf die spartanische Dachausrüstung der E 41 mit wenig mehr als Stromabnehmer, Hauptschalter und Leitungen. Diese Lok stellt die ozeanblau-elfenbeinfarbene Normalausführung des 1975 aufgestellten Farbkonzepts dar, das den beigen Farbton bei den Einheitselloks bis auf das Dach zog und den Loks ein etwas „nacktes" Aussehen verlieh (22. August 1985).

HANAU HAUPTBAHNHOF am 3. Mai 1981: 141 139 (Bw Mainz) wartet mit einer Garnitur vierachsiger Umbauwagen am Bahnsteig, während auf dem Nebengleis die schwere 150 013 (Bw Nürnberg Rbf) mit einem stattlichen Güterzug anrollt. Die Fronten der E 41 und E 50 gleichen sich beim ersten Hinsehen fast völlig, doch auf den zweiten Blick fallen kleine Unterschiede auf. So ist der schwarze Rahmenbereich der E 50 aus Stabilitätsgründen höher und massiver ausgefallen, was an der Höhe der Doppelleuchten gut erkennbar ist. In Mainz wurden zeitweise bis zu 65 Loks der Reihe 141 beheimatet, die u.a. im Rheintal und in Rheinhessen zum Einsatz kamen. 1985 wurden die Loks vollständig nach Frankfurt (Main) umstationiert und die Lokbeheimatung in Mainz aufgegeben .

AUF DER grenzüberschreitenden Obermoselstrecke Trier – Apach (Frankreich) genügten meist kurze Zuggarnituren für den nicht sonderlich starken Personenverkehr. Am 20. Mai 2000 hatte die blau-elfenbeinfarbene 141 348 bei Palzem einen originalen „Silberling" und einen bereits verkehrsrot lackierten Steuerwagen am Haken, was zu dieser Zeit keineswegs ungewöhnlich war. Auf der gegenüberliegenden Moselseite ist hier bereits Luxemburg zu sehen. Die Lok gehörte zum Bw Saarbrücken, welches neben 140 stets auch zahlreiche 141 in seinem Bestand führte, die im gesamten Saarland und in Rheinland-Pfalz zum Einsatz kamen. Nach dem Ausscheiden der 141 übernahmen vor allem neue Triebzüge der Reihen 425/435 und 426 die Einsätze.

IM SEPTEMBER 1987 erhielt auch Nürnberg seine erste S-Bahn-Linie nach Lauf (links der Pegnitz). Mangels Alternativen sollten die für das Ruhrgebiet entwickelten x-Wagen zum Einsatz kommen, doch die dafür notwendige Ausrüstung mit Zeitmulitiplexer Wendezugsteuerung (ZWS) besaßen nur einige 111 – und die waren im Schnellzugdienst bestens beschäftigt. Eher aus Verlegenheit wurden deshalb 1987 insgesamt sieben 141 (141 436-442) mit ZWS nachgerüstet und in den damals aktuellen S-Bahn-Farben lakkiert. Außerdem wurden Einrichtung für die Zugabfertigung und Zugzielanzeiger installiert sowie Versuche unternommen, die Geräusche des Schaltwerks zu dämmen. Im April und Mai 1987 wurde die frisch umgebaute 141 436 im Ruhrgebiet auf Herz und Nieren getestet – aufgenommen bei Hattingen (Ruhr).

IM RHEIN-RUHR-RAUM bildeten die 141 über Jahrzehnte das Rückgrat des Nahverkehrs, auch wenn der S-Bahn-Dienst spätestens ab Mitte der 1980er-Jahre von anderen Triebfahrzeugen bestritten wurde. Das Bw Hagen-Eckesey beheimatete zeitweise bis zu 97 Loks, die weiträumig im Bereich der Direktion Essen im Einsatz standen. Ab 1995 erfolgten deren Einsätze von Dortmund aus. Am 27. Juni 1994 hat 141 434 die RSB 3230 – das Kürzel stand einige Jahre für „Regionalschnellbahn" – nach Krefeld gebracht und wird die Fahrt nach Mönchengladbach fortsetzen, während am Nachbargleis die orientrote 215 016 mit E 3854 bereitsteht, um Anschlussreisende nach Kleve aufzunehmen. Nach einer umfassenden Restaurierung befindet sich die schönen Bahnhofshalle heute in einem hervorragendem Zustand.

WIR BEFINDEN uns immer noch in Krefeld, nun aber im Stadtteil Uerdingen, der von den weitläufigen Anlagen des zweitgrößten Bayer-Werks beherrscht wird. Am 29. September 1995 flüchtet 141 450 mit der Regionalbahn 8838 vor einer imposanten Gewitterwand, die sich Minuten später an Ort und Stelle mit Sturm, Blitz und Hagel entlädt. Die Lok fällt durch einen größeren Dachaufbau auf, den sie wegen ihrer Sonderausstattung in Form einer elektrischen Nutzbremse benötigt. Sie gehört zu den fünf letztgebauten 141, welche speziell zur Schonung der Bremsklötze diese zusätzliche Bremse erhielten, die während des Bremsvorgangs wiederum elektrische Energie erzeugt und in die Oberleitung zurückspeist. Durch diese Änderungen wurden die Loks 141 447-451 mit 72,5 t insgesamt 5,5 t schwerer als die übrigen E 41.

„DIE KLEINEN sind immer die Lautesten!", heißt es oft, und das traf auch immer gerne auf die E 41 zu. Vor allem in den großen Bahnhofshallen hallte das markante „Klock-Klock" der Loks beim Aufschalten, das man von den anderen Einheitselloks in dieser Form nicht kannte. Unzählige Pendler, die täglich von einer E 41 zur Arbeit, zum Einkauf oder nach Hause befördert wurden, gewöhnten sich mit der Zeit an die etwas ruppigere Art dieser Baureihe. Im Mainzer Hauptbahnhof war 141 099 fast 35 Jahre lang regelmäßiger Gast: Von 1960 bis 1994 gehörte die Lok entweder zu den Betriebswerken Mainz oder dem benachbarten Frankfurt (Main) 1 und wurde im Wendezugdienst in Rheinhessen verwendet.

HIGH NOON im Essener Hauptbahnhof: Am 11. März 1990 beschleunigt die eigentlich für den Schnellzugdienst konzipierte 111 184 ihren S-Bahn-Zug Richtung Dortmund, während die Hagener 141 446 mit Eilzug 3895 Richtung Münster noch einige Minuten auf die Abfahrt warten muss. Zwischen ihrer Indienststellung 1969 und ihrer Ausmusterung im Oktober 2000 war die Lok stets im Ruhrgebiet zuhause, und auch sie war bis zum Erscheinen der 420/421-Triebzüge und der 111-bespannten Wendezüge regelmäßig im S-Bahn-Dienst zu erleben. Das laute und fast allgegenwärtige Knallen der E 41-Schaltwerke gehörte auch in dieser Region über Jahrzehnte zu den gewohnten Tönen, an die sich Bahnanrainer in der Regel gut erinnern können.

AM 22. AUGUST 1985 rollt eine Nürnberger 141 mit Eilzug 3113 im Abendlicht über die imposante Mariaorter Fischbauchträgerbrücke über die Donau bei Regensburg-Prüfening. Die Zuggarnitur ist wirklich sehenswert und aus mehreren Wagenarten bunt zusammengewürfelt – doch das war in den 1980er-Jahren durchaus nichts ungewöhnliches, wenn die Loks nicht im gerade im Vorort-Wendezugdienst eingesetzt wurden. Offene Türen, wie hier am Gepäckwagen, waren gerade an heißen Sommertagen nichts besonderes – das ist heute im Zeitalter von Klimaanlagen, automatischen Türschließeinrichtungen, Mehrzweckabteilen und stark verschärfter Sicherheitsvorschriften in dieser Form nicht mehr vorstellbar.

ALS 141 305 AM 19. Mai 1990 mit dem Nahverkehrszug 5382 über den Harkortsee bei Wetter (Ruhr) (Strecke Hagen – Essen) rollt, gehört sie zu diesem Zeitpunkt mit ihrer Blechregenrinne und dem grauen Dach bereits zu den optisch bemerkenswerteren Loks ihrer Reihe – ganz im Gegensatz zu dem Silberling-Wendezug, der in dieser Form bundesweit Standard war. Der Harkortsee ist einer von sechs Ruhrstauseen und wurde 1931 fertiggestellt – sein Namensgeber Friedrich Harkort gilt als einer der großen deutschen Eisenbahnpioniere. Die 1963 an das Bw Stuttgart-Rosenstein gelieferte Lok war seit 1982 in Hagen-Ekkesey stationiert. Wegen eines Brandschadens sollte diese Maschine bereits 1993 aus dem Betriebsdienst scheiden. Sie wurde noch im gleichen Jahr im AW Opladen verschrottet.

141 106 (Bw Frankfurt (Main) 1) hatte 1996 ihr grünes Farbkleid gegen das seit 1987 festgelegte orientrote Farbschema eintauschen müssen und damit die ozeanblau-elfenbeinfarbene „Phase" der DB übersprungen. Als die Lok am 26. Juni 1999 mit RB 14067 den 930 Meter langen Bebenrothtunnel bei Werleshausen (Strecke Göttingen – Bebra) verlässt, hat der auf Wasserlack basierende Anstrich der Lok seine besten Tage schon längst wieder hinter sich gelassen. Schon im Juli 2000 wird die Lok nach nur vier Jahren wieder in die Spritzkammer geschickt und den verkehrsroten Lack erhalten. Die Maschine wurde erst 2004 ausgemustert. Auf dem Lokdach ist ein roter Kasten zu erkennen: Nachträglich erhielten die meisten 141 einen kleinen Aufbau für eine verbesserte Trafoölkühlung.

IM 1997 EINGEFÜHRTEN verkehrsroten Lack machten die jetzt zu DB Regio gehörenden Loks der Reihe 141 eine ausgesprochen gute Figur. Mit den vollständig „erröteten" Zuggarnituren machten auch die betagten „n-Wagen" (vorher als „Silberlinge" bekannt) zumindest äußerlich einen recht werbewirksamen Eindruck. Auf der eingleisigen und erst 1980 elektrifizierten Strecke (Delmenhorst –) Hude – Nordenham durch die flache Wesermarsch kamen lange Zeit Seelzer 141, zuletzt Braunschweiger 141 zum Einsatz. Am 14. Juni 2004 begegnet uns hier die 141 362 mit einem Wendezug bei Oberhammelwarden und knallt entlang des Moonemer Kanals Richtung Nordenham. Die Lok wurde sechs Monate später verschrottet, und ab 2005 lösten neue Elektrotriebzüge der Baureihe 425.3 die Wendezüge auf dieser Strecke ab.

GANZ OHNE LAST rauscht die Dortmunder 141 268 am 1. Februar 2002 über die kurze Strecke zwischen den Städten Oberhausen und Duisburg und überfährt eine Vorflutbrücke der Ruhr, die sie in den vergangenen Jahrzehnten viele Male mit Wendezügen überfahren hat. Nur für einige hundert Meter rollt sie dabei auch über Mülheimer Stadtgebiet. Die Zeit der E 41 ist abgelaufen, doch neun museal erhaltene E 41 halten hoffentlich auch künftig die Erinnerung an die „Knallfrösche" und „Sektkorken" lebendig. Mit der in Darmstadt erhaltenen betriebsfähigen grünen 141 228 (die als betriebliche Rückfallebene weiterhin im Bestand von DB Regio verbleibt) besteht auch weiterhin die grundsätzliche Möglichkeit, den unverwechselbaren Sound dieser Baureihe noch künftig zu erleben.

Stark und kräftig vor langen Güterzügen

E 50: Für schwerste Lasten

Am 4. April 1957 ging die E 50 001 als erste Vertreterin ihrer Art beim Bw Würzburg in Dienst. Mit ihr war seinerzeit die neue Lokfamilie der Einheitselloks komplett, deren erstes Exemplar ein halbes Jahr zuvor in Form der E 41 001 ausgeliefert worden war. Dabei war die grundsätzliche Konzeptionierung eines sechsachsigen Loktyps für schwerste Güterzüge offenbar die mit dem geringsten Diskussionsbedarf, denn der Übergang der noch bis 1956 nachgebauten E 94 auf die E 50 war fast fließend.

Die E 50 sollte als schwere Co Co-Lok in die Fußstapfen des „Deutschen Krokodils" treten, diese Loks aber nicht ersetzen. Aber angesichts des sich ständig ausweitenden elektrischen Streckennetzes schien es angebracht, auch im Rahmen des Einheitsellok-Programms an einem zeitgemäßen Nachfolger zu arbeiten. Mit der Federführung der Konstruktion wurde 1953 Krupp in Essen beauftragt, für den elektrischen Teil zeichnete die AEG verantwortlich.

Fast wie kurz nach ihrer Ablieferung sehen E 50 091 und E 41 001 aus – die beiden Maschinen sind heute gut gepflegte Museumsexemplare des DB Museums und werden in Koblenz-Lützel aufbewahrt.

Bei der jungen Bundesbahn wurden die Prioritäten offensichtlich jedoch zunächst anders gesetzt, denn bei der ersten Baulosbestellung im Oktober 1954 wurden zwar 89 Einheitselloks geordert, davon entfielen aber lediglich fünf Exemplare auf die E 50. Erst als zum Jahresende die Bestellung auf 189 Loks ausgeweitet wurde, ging die E 50 mit zunächst 41 Exemplaren in Serie.

DER GIGANT UNTER DEN EINHEITSELLOKS

Das Anforderungsprofil der E 50 sah die Beförderung von 600 Tonnen schweren Güterzügen in Fünf-Promille-Steigungen bei der zulässigen Höchstgeschwindigkeit von 100 km/h vor. Mit 65 km/h sollte die E 50 unter gleichen Bedingungen einen 2300 Tonnen-Zug ziehen können und 600 Tonnen-Schnellzüge auf 25 Promille Steigung mit 75 km/h bewältigen.

Optisch markantester Unterschied zu den Bo' Bo'-Loks E 10/40 waren der um drei Meter verlängerte Lokkasten (Länge über Puffer: 19,49 Meter) und die stark abweichenden Drehgestelle. Ursprünglich wurde für die E 50 der auch in der E 94 verwendete bewährte Tatzlagerantrieb vorgesehen, der in den ersten 25 Loks zum Einbau kam – es gab noch Bedenken, inwieweit der Gummiringfederantrieb für die hohen Drehmomente im schweren Güterbetrieb geeignet wäre. Die waren offensichtlich bald ausgeräumt, denn ab der E 50 026 verwendete man den weniger geräuschvollen Antrieb, der sich auch in den anderen Einheitselloks bewährte. Durch diese Abweichung bei den ersten Loks sind auch die technischen Daten dieser Baureihe nicht durchgehend einheitlich: Während die jüngeren Loks stolze 128 Tonnen Dienstgewicht auf die Waage bringen, sind die Loks mit Tatzlagerantrieb um drei Tonnen leichter. Auch die Anfahrzugkraft beschränkte sich bei E 50 001-025 auf 441 kN (statt 443 kN). Die Nennleistung aller E 50 beträgt 4.500 kW.

Bis Ende 1967 waren bereits 138 Maschinen in mehreren Baulosen bei den Herstellern Krupp und Krauss-Maffei ausgeliefert worden. Ab Nummer 139 erhielten sie bereits ab Werk die neue EDV-gerechte Bezeichnung 150. Am 16. März 1973 fand die Auslieferung dieser Reihe mit der 150 194 ihren Abschluss, und zwar zugunsten einer weiteren Neuentwicklung: Die Reihe 151 stand in den Startlöchern, die mit 120 km/h „Spitze" den immer höheren Geschwindigkeiten im Güterverkehr Rechnung trug.

Auch die E 50 durchlief zahlreiche Veränderungen in ihrem Erscheinungsbild. Die Ursprungsausführung mit den großen Einfachlampen und Schweiger-Lüftern blieb auf die erste Bauserie beschränkt, denn ab 1960 wurden die Loks der zweiten Serie (ab Nummer 042) mit Doppellampen und den neuen Lüftern ausgeliefert. Gleichzeitig erhielten die Loks überarbeitete Drehgestelle, nachdem sich bei der ersten Serie schon frühzeitig Risse im Gestellrahmen zeigten. Ab E 50 128 wurde auf die umlaufende Regenrinne verzichtet und ab der 150 156 kamen die bekannten Klatte-Lüftungsgitter zum Einbau, gleichzeitig erhielten die Loks fortan Verschleißpufferträger. Doch gab es auch Fälle, wo bei Loks anlässlich von Hauptuntersuchungen – offensichtlich aus Materialmangel – der ursprüngliche Zustand wieder hergestellt wurde. Die Loks 150 050 und 085 beispielsweise erhielten, obwohl sie bereits werkseitig mit senkrechten Lüftergittern abgeliefert wurden, später die waagerechten Gitter der ersten Serie eingebaut.

Gegenüber der E 10 oder E 41 konnte die E 50 nie mit spektakulären Lackierungsvarianten aufwarten. Alle Loks wurden in der bekannten klassischen grünen Farbe abgeliefert und folgten dann den bekannten farblichen Neuausrichtungen der DB.

Mit einer Dienstmasse von fast 128 Tonnen eine gewaltige Maschine: 150 067 aus der zweiten Bauserie am 26. Juli 1990 im Bw Gremberg bei Köln.

SCHNELLER ABGESANG

Im März 1987 wurde die 150 069 nach einem schweren Schaltwerksbrand als erste E 50 ausgemustert. Bis zum Jahresende 1993 wurden alle 25 Loks mit Tatzlagerantrieb aus dem Verkehr gezogen. Acht gut erhaltene Maschinen, darunter der „Erstling" 150 001, erhielten die Gummifederringantriebe jüngerer Maschinen. Mitte 1996 wurden noch insgesamt 168 Loks im Bestand geführt.

Mit der Auslieferung der vierachsigen Drehstromloks der Reihe 152 ab Dezember 1996 wurden die 150, die zwischenzeitlich auch der E 94 als Schubloks an der Geislinger Steige sowie an der Frankenwald- und Spessartrampe gefolgt waren, allmählich überflüssig, wenngleich sich mancher Lokführer den sechsachsigen Kraftprotz gerade bei schlüpfrigem Wetter zurückwünschte. In puncto Anfahrzugkraft ist die E 50 beim Personal eine Legende und wurde auch von den moderneren Bauarten nicht mehr erreicht. Zum 31. Dezember 2003 wurden die letzten Betriebsloks aus dem Einsatzbestand gestrichen.

Das DB Museum hat die E 50 091 in seine Obhut übernommen, die in Koblenz-Lützel im alten Grün ausgestellt wird. Ansonsten befindet sich lediglich die 150 186 im letzten Betriebszustand im Süddeutschen Eisenbahnmuseum Heilbronn.

DAS BAHNBETRIEBSWERK Nürnberg Rbf war schon immer eine der größten Heimatdienststellen für die schweren Güterzuglokomotiven der DB. Hier wurden nicht nur zahlreiche E 94 beheimatet, sondern später auch 151 und in jüngster Zeit die modernen Drehstromloks der Baureihe 152. Ab 1958 war die E 50 hier zuhause, von einer sechsjährigen Pause zwischen 1966 und 1972 einmal abgesehen. Dabei waren es vor allem die Maschinen mit den niedrigeren Nummern, die vorzugsweise an den Wochenenden im Ringlokschuppen des Betriebswerks pausierten. Am 29. August 1966 – in der Zeit, als die Loks zum Bw Würzburg gehörten – entstand diese Aufnahme der Tatzlagerloks E 50 006, E 50 017 und E 50 018. Die 006 ganz links war 1972 in einen tragischen Unfall verwickelt und erhielt bei der Reparatur einen neuen Lokkasten.

BEREITS RECHT FRÜH verloren die E 50 der ersten Bauserie ihre Blechregenrinnen und damit verbunden das graue Lokdach. Auch 150 007, die hier am 8. Juli 1982 bei Fürth einen langen Schadwagenzug überführt, ist bereits obenrum „kahl". Wie alle 25 erstgebauten E 50 besitzt sie noch den Tatzlagerantrieb, bei dem der Fahrmotor einerseits federnd im Drehgestell gelagert ist, andererseits sich mittels eines Gleittatzlagers auf der Treibachse abstützt und die direkt auf der Achse sitzenden Zahnräder mittels der beidseitigen Motorritzel antreibt. Das Anfahren einer solchen Lok war – wie auch bereits bei der E 94 – für das Personal und die unmittelbare Umgebung ein sehr „erfühlbares" Erlebnis, wenn der Boden vibrierte und die enorme Kraft der Lok verdeutlichte.

ES IST rückblickend schwer zu glauben, dass zwischen der Auslieferung und Abnahme dieser beiden schweren Sechsachser lediglich 13 Monate lagen: E 94 284 gehörte zu einem von Krauss-Maffei gefertigten Nachbaulos und wurde im Juni 1956 abgenommen, während die Krupp-Lok E 50 010 im Juli 1957 dem Betrieb übergeben wurde. Doch es gab im Rahmen des Einheitsellokprogramms sogar Pläne, auf die E 50 zu Gunsten eines Weiterbaus der E 94 zu verzichten. Entlang der Spessartrampe Laufach – Heigenbrücken müssen schwere Güterzüge von einer in Laufach stationierten Schiebelok nachgeschoben werden, weswegen die hier am 29. Juni 1984 bereitstehende 194 584 eine eigene rote Schlussleuchte erhielt. Nach dem Ausscheiden der E 94 aus dem Betriebsdienst übernahmen die 150er den Schubdienst auf der Rampe.

DIE ALTEN GROSSEN Loklampen besaßen nur die ersten 41 Loks, und ab der E 50 042 wurden die Maschinen bereits mit den ab 1960 üblichen Doppellaternen und den Mehrfachdüsenlüftungsgittern ausgeliefert. Am 23. August 1985 ist hier 150 053 (Bw Hagen-Eckesey) mit einem Güterzug bei Gundelsheim (Strecke Treuchtlingen – Donauwörth) zu sehen. Die Perspektive ermöglicht einen guten Blick auf das Dach mit dem Dachaufbau, der sich über dem großen Transformator im Maschinenraum befindet. Auffällig sind einige Lackausbesserungen an der Maschine, bei der offenbar erst vor kurzer Zeit das DB-Emblem auf der Front angebracht wurde. Im darauffolgenden Jahr erstrahlt die Lok im ozeanblau-elfenbeinfarbenen Anstrich, den sie bis zu ihrer Abstellung und Verschrottung im Jahr 2000 behält.

DIE BAUREIHE E 50 wurde gänzlich ohne Vielfachsteuerung ausgeliefert, und so läuft die zweite 150 in diesem Zugverband einfach nur antriebslos und abgebügelt hinter der führenden 150 106 auf der Rechten Rheinstrecke zwischen Wiesbaden-Schierstein und Walluf. Gut zu sehen sind die beiden unterschiedlichen Seitenansichten der Loks mit versetzten Maschinenraumfenstern und den trafoseitigen Batterieaußenklappen an der hinteren Lok. Wegen des voluminösen Transformators besaßen die Loks, ganz im Gegensatz zu den anderen Einheitselloks, lediglich einen Durchgang durch den Maschinenraum. Die Aufnahme entstand am 17. Juni 1984 – 150 106 wechselte erst wenige Tage zuvor vom Bw Bebra nach Hagen-Eckesey. Sie stand noch bis 1999 im Einsatz.

1971 UND 1972 wurde eine letzte 39 Loks umfassende Bauserie der mittlerweile als 150 bezeichneten E 50 in Dienst gestellt. Die Maschinen 150 156-194 wurden nun direkt mit Verschleisspufferbohle ausgerüstet, für die der Lokkasten an den Fronten etwas eingezogen wurde. Die Pufferbohle diente auch als Vorbereitungsmaßnahme für die damals europaweit geplante Einführung der automatischen Mittelpufferkupplung, welche letztlich nie realisiert wurde. Diese Bauserie besaß außerdem Flexicoilfeder-Drehgestelle mit Drehdämpfern und eine frühe Version der Klatte-Lüftungsgitter. Mit 150 190 (Bw Kornwestheim) zieht hier eine Vertreterin dieser letzten Bauart am 19. Februar 1984 einen langen Güterzug durch den schönen (und heute geschützten) Bahnhof Darmstadt Süd an der Main-Neckar-Eisenbahn.

DIE E 50 WAR eine klassische Güterzuglok. Dennoch gab es in allen ihren Einsatzgebieten und in praktisch jeder Fahrplanperiode auch immer einige wenige Einsätze vor Reisezügen, wenn längere Standzeiten überbückt werden mussten oder die Umlaufpläne dies erforderten. Dabei gab die Höchstgeschwindigkeit von nur 100 km/h im Regelfall eine gewisse Beschränkung auf Eil- und Nahverkehrszüge vor. Am 1. Juni 1978 sehen wir hier die 150 029 (Bw Nürnberg Rbf) vor dem P 6409 bei Straubing auf dem Weg von Regensburg nach Plattling. Zumindest was die Zuglast angeht, dürfte der schwere Sechsachser keinerlei großen Probleme mit der Garnitur gehabt haben.

RECHTS: Im Mai 1965 wurde auf der Ruhr-Sieg-Strecke Hagen – Siegen – Gießen (– Frankfurt) der elektrische Betrieb aufgenommen und damit Hagen-Eckesey ein Eckpfeiler bei der Beheimatung der E 50, die auf der steigungsreichen Nord-Süd-Magistrale große Tonnage bewegen mussten – teilweise auch unter Nutzung von Schubloks. Die 1965 von Krupp ausgelieferte 150 110 kämpft sich hier am 9. Mai 1981 mit einem Ganzzug durch die Wälder zwischen Kreuztal-Littfeld und Welchen-Ennest zum Scheitelpunkt der Strecke hinauf. Die Lok war besonders standorttreu und blieb fast ihr ganzes „Lokomotivleben“ lang in Hagen stationiert. Lediglich in ihrem letzten Einsatzmonat, im Juni 2001, wechselte sie noch für einige wenige Tage zum Werk Kornwestheim.

WIEDER BEFINDEN wir uns an der Strecke Nürnberg – Regensburg, an der mehrere Bilder in diesem Buch entstanden: Hier zieht eine 150 aus der ersten Bauserie einen gemischten Güterzug über die bekannte Laaberbrücke bei Beratzhausen, die bereits Generationen von Eisenbahnfreunden in ihren Bann gezogen hat (19. Mai 1981). Zu erahnen sind dabei die asymmetrischen Drehgestelle, bei denen zwischen der 1. und 2. Achse deutlich mehr Platz ist als zwischen der 2. und 3. Achse. Dies hängt damit zusammen, dass der Drehzapfen – also die Aufhängung des Drehgestells unter dem Rahmen – aus Platzgründen zwischen die beiden vorderen Achsen mitsamt ihrer Fahrmotoren versetzt werden musste, da er bei einer symmetrischen Anordnung sonst dem jeweils mittleren Fahrmotor im Wege gewesen wäre.

BEI NORDSTEMMEN überbrückt die Nord-Süd-Strecke die Leine auf einer recht modernen Bogenbrücke. Am 14. Januar 1993 hatte die nordfahrende 150 082 (Bw Nürnberg 2 / Rbf) mit dem vergleichsweise kurzen Güterzug leichtes Spiel. Die Lok gehörte zu einer Handvoll älterer E 50, die nachträglich noch für den Einbau der automatischen Kupplung vorbereitet wurden. Während ihrer gesamten Einsatzzeit waren es vor allem die Nord-Süd-Magistralen, die zur Rollbahn der E 50 wurden. Vor vielen Güterzügen reihten sich die 194 gebauten Stahlkolosse in die Fahrplanlücken ein und wechselten im Nachtsprung von Nord- nach Süddeutschland und wieder zurück.

DIE BEIDEN BILDER dieser Doppelseite zeigen Güterzugklassiker, wie sie für die E 50 immer typisch waren. Links ist 150 046 (Bw Hagen 1) am 26. April 1988 auf der Rechten Rheinstrecke unterwegs und hat bei der Fahrt zwischen St. Goarshausen und Kaub den berühmten Loreleyfelsen gerade erst hinter sich gelassen. Sie zieht einen langen Kohle-Ganzzug aus zweiachsigen Fcs-Trichterwagen durch Weinberge und blühende Ostbaumkulturen südwärts. Die Lok wurde erst im Vorjahr farblich ausgebessert und konnte so noch einige Jahre im grünen Farbkleid durch die Gegend fahren. Im Ausbesserungswerk München-Freimann erhielt sie nachträglich Klatte-Lüftungsgitter, während die gummieingefassten Fenster aus Kostengründen blieben – auch für die Fenster hätte es nämlich eine passende „Klatte-Version" gegeben!

KURZ VOR Guntershausen überquert die ehemalige „Friedrich-Wilhelms-Nordbahn" Kassel – Bebra die Fulda. Das 1848 errichtete Bauwerk war die damals größte Eisenbahnbrücke im gerade erst entstehenden deutschen Eisenbahnnetz. Im Zweiten Weltkrieg wurden die sieben mittleren Brückenbögen zerstört und 1952 durch das hier zu sehende Mittelteil ersetzt. Hinter der (unerkannt gebliebenen) 150 ist hier am 9. Mai 1987 ein beeindruckender Ganzzug aus zweiachsigen Selbstentladewagen der Bauart Ommi 51 (F-z 120) zu sehen, von denen die DB zwischen 1953 und 1970 fast 4.000 Exemplare bauen ließ. In den 1990er-Jahren verschwanden diese filigranen Wagen mit jeweils fünf Lademulden größtenteils aus dem Betriebsdienst und wurden weitgehend durch Fcs-Wagen ersetzt.

LÖWENZAHNBLÜTE am alten Bahnwärterhäuschen von Werleshausen: In den letzten Einsatzjahren der Baureihe 150 mehrten sich Container-Ganzzüge und „Rollende Landstraßen", die im Nachtsprung durch die halbe Republik gebracht werden mussten. 150 027 (Bh Nürnberg 2) trägt am 6. Mai 1995 bereits das etwas unpassend wirkende neue Logo der Deutschen Bahn AG, die im Jahr zuvor als privatwirtschaftlich organisiertes Unternehmen die Aufgaben der „Behörden"-DB übernahm. Doch das gelbliche Glühlampenlicht in den alten Loklaternen kann nicht verleugnen, dass diese Lok nicht mehr zu den modernsten Traktionsmitteln im Ellok-Betriebspark zählt. Ihre letzte Fahrt zum Schrottplatz wird 150 027 im Frühjahr 1999 antreten.

MIT EINEM LANGEN gemischten Güterzug rauscht hier 150 016 (Bw Nürnberg 2) am 1. Juli 1991 über die Altmühlbrücke von Dollnstein (Strecke Treuchtlingen – Ingolstadt). Die Lok gehört zu den 25 Maschinen mit Tatzlagermotoren aus dem Jahre 1957, die wegen dieser Bauartabweichung bereits Ende 1993 ausgemustert wurden. Lediglich acht „Tatzlager-Loks" erhielten für ihre letzten Einsatzjahre noch Drehgestelle mit Gummiringfederantrieb. Die grüne Lok fällt hier noch durch ihre mittlerweile selten gewordenen Schweiger-Lüftungsgitter auf und den Umstand, dass sie auf der Führerraumseite 1 nachträglich die Doppelleuchten der späteren Bauserien erhielt – auf der anderen Lokseite präsentierte sie sich weiterhin mit den alten Lampen.

WIE BEI ALLEN Einheitselloks gingen auch die 1987 eingeführten neuen Produktfarben der DB nicht spurlos an den 150 vorbei. 150 135 (Bw Hagen 1), die hier am 6. September 1993 einen Zug aus vierachsigen Kohlewagen durch Herne-Rottbruch zieht, wurde im Januar 1992 im Dessauer Ausbesserungswerk in den orientroten Farbeimer getaucht. Nachdem das jahrzehntelang zuständige AW München-Freimann Ende der 1980er-Jahre seine Pforten schloss, übernahm zunächst Opladen die E 50-Instandsetzung, bis die Zuständigkeit im Zuge der Werkstättenzusammenführung der beiden deutschen Staatsbahnen nach Dessau abgegeben wurde. Dabei wirkte auch die Praxis, die Dachaufbauten trotz der unvermeidbaren Verschmutzung im Betriebsalltag rot zu lackieren, zumindestens überdenkenswert.

DIE ERSTE 150 in den orientroten Farben überhaupt war die Hagener 150 128, die im Februar 1988 in München-Freimann im Rahmen einer E 3.0-Hauptuntersuchung Neulack erhielt und der in den folgenden Wochen vor allem von Eisenbahnfotografen nachgestellt wurde: Bei aller Zurückhaltung über die Art der Umsetzung waren sich viele Fans einig, dass eine rote Lok in der grünen Natur einfach besser aussieht als eine ozeanblau-beige-farbene. Doch das sind letztlich Geschmacksfragen. Am Abend des 3. April 1989 setzt sich die rangierende Lok im Hauptbahnhof Wanne-Eickel vor einige Güterwagen. Der Lokführer hat für den Wechsel des Führerraums die Maschinenraumbeleuchtung eingeschaltet, die ein warmes Licht ausstrahlt.

EIGENTLICH HATTE die Deutsche Bahn AG Ende der 1990er-Jahre mit der Indienststellung der neuen Reihe 152 das baldige Einsatzende der 150 beschlossen, als 1997 überraschend die ebenfalls sechsachsige 155 mit DDR-Hintergrund als Ausmusterungskandidat vorgezogen wurde. Beginnend mit der 150 157 erhielten die E 50 ab November 1997 neue Hauptuntersuchungen in Dessau und wurden dabei in den ganz neuen verkehrsroten Farben lackiert. Bis Mai 1999 wurden rund 35 Loks untersucht, bis Asbestfunde das Blatt wieder wendeten: Die letzten 150 wurden bis Ende 2003 abgestellt und die 155 wieder in den Erhaltungsbestand übernommen. Verkehrsrote Loks blieben deshalb eine kurze Episode in der Geschichte der E 50. Am 4. September 2003 rauscht mit 150 043 eine der letzten aktiven Loks durch Solnhofen.

DIE ÄLTESTE E 50, die noch den verkehrsroten Anstrich bekam, war die 1998 in Opladen umlackierte 150 025, die uns hier am 25. April 2002 auf der Main-Neckar-Bahn bei Heddesheim in schlechtem Allgemeinzustand begegnet. Bei dieser und vielen anderen 150 wurden dabei auch die bislang silbernen Lampenringe der (nachträglich angebrachten) Doppellampen rot angemalt. Knapp war der Platz für die Nummer auf der Front, weswegen einige Loks diese auch etwas tiefer im grauen Bereich des Rahmens angeschrieben bekamen. Der Mitte 1999 eingeführte seitliche „DB Cargo"-Schriftzug wurde weit an das jeweils linke Lokende verschoben, da die Klebebuchstaben sonst über die häufig zu öffnenden Batterieklappen in der Mitte gereicht hätten.

Auch für ein anderes Stromsystem

E 344 und E 320: Die Außenseiter

Als 1954 das Typenprogramm der Einheitselloks festgelegt wurde, ging es den Verantwortlichen darum, durch eine möglichst hohe Anzahl frei tauschbarer Bauteile unter den einzelnen Loktypen Kosten zu senken. Davon kann bei den vier Lokomotiven, die auf diesen Seiten vorgestellt werden, keine Rede sein. Sie sind sogar untereinander grundverschieden und haben mit den Einheitselloks im Grunde nicht viel mehr als ihre allgemeine Formgebung gemeinsam.

Durch den Saarvertrag gehörte das „Protektorat" Saarland ab dem 1. Januar 1957 wieder zu Deutschland. Die geplante Elektrifizierung des Streckennetzes an der Saar sollte sich zuvor eigentlich am französischen Netz, das mit 50 Hz/25 kV elektrifiziert wurde, ausrichten, doch nun änderten sich die Pläne. Die Systemtrennstellen wurden im Bahnhof Überherrn (Strecke Saarbrücken – Thionville) und auf freier Strecke bei Stiring-Wendel (Strecke Saarbrücken – Metz) festgelegt. Hierfür benötigten sowohl DB als auch die SNCF leistungsfähige Elloks, die in der Lage sein sollten, die grenzüberschreitenden Züge unter beiden Stromsystemen zu ziehen, bis auf die nächste Zuglokomotive umgespannt werden kann. Schon 1957 bestellte die DB drei elektrische Versuchsloks, die unter dem deutschen und französischen Wechselstromnetz einsetzbar sein sollten.

Als erste der drei Zweifrequenzloks wurde im Dezember 1959 die E 320 21 ausgeliefert. Im Vergleich zur E 40 fallen der schmale Stromabnehmer und das etwas gedrungenere Gesamtbild der Lok auf.

DIE E 320 ENTSTEHEN

Für die drei Versuchsloks wurde die Baureihenbezeichnung E 320 festgelegt. Jede der drei Maschinen wurde sowohl im elektrischen wie auch im mechanischen Teil von unterschiedlichen Herstellern gebaut, um mit unterschiedlichen Ausrüstungen Vergleiche ziehen zu können. Die nicht fortlaufenden Ordnungsnummern 01, 11 und 21 zeigten bereits, dass diese Loks in technischer Hinsicht jeweils Einzelstücke darstellten. Die Konstruktion basierte dabei im mechanischen Teil auf den E 10/E 40, wenngleich es einige Besonderheiten gab: Die Loks waren mit 16,44 m Länge über Puffer rund 50 mm kürzer als die Einheitselloks und gaben durch ein um 230 mm niedrigeres Dach (das wegen des engeren Lichtraumprofils der SNCF sowie des höheren Sicherheitsabstands zur Oberleitung notwendig war) ein deutlich gedrungeneres Bild ab. Auch die Drehgestelle entsprachen mit ihrer Flexicoilfederabstützung nicht der E 10/40-Bauart.

Allen drei E 320 war die erstmalige serienmäßige Verwendung von Silizium-Gleichrichtern, die zuvor in einer E 80 getestet wurden, gemein. Eine elektrische Widerstandsbremse gehörte ebenfalls zur Ausrüstung wie ein spezieller Stromabnehmer DBS 58S mit schmaler Wippe für das SNCF-Netz. Mit einem Handschalter musste die Lok an der Systemgrenze manuell auf das aktuelle Stromsystem eingestellt werden. Die Höchstgeschwindigkeit betrug 120 km/h. Als Motoren kamen einheitlich – eine Maßgabe des BZA München – jeweils vier fremdbelüftete Wellenstrom-Reihenschlussmotoren in Tatzlageranordnung zum Einbau. Diese bewährten sich aber nicht. AEG tauschte später die Motoren der 01 aus, während BBC und SSW die Motoren der 11 und 21 nachbessern musste. Probleme bereitete auch die Gleichrichtertechnik.

Die anfangs störanfälligen Loks wurden 1968 mit den neuen Nummern 182 001, 011 und 021 versehen und hauptsächlich im Schnellzugverkehr zwischen Frankfurt und Metz verwendet. Mit der Ablieferung der ersten Mehrfrequenz-Serienloks der Reihe 181.2 konnte man auf die Dienste der ersatzteilintensiven Einzelstücke allmählich verzichten und musterte sie zwischen 1977 und 1982 aus. Erhalten blieb nur die 182 001, die von der AEG zurückgekauft und komplett entkernt wurde. Als Komponentenerprobungsträger für die sich in Entwicklung befindliche Reihe 120 wurde sie als Drehstrom-Versuchslok 1981 erneut in Betrieb genommen und nach ausführlichen Tests im November 1989 endgültig abgestellt. Heute wird sie im DB Museum in Koblenz-Lützel betreut und gepflegt.

DIE E 344 ERGÄNZT DAS TRIO

Als vierte Mehrsystem-Lok entstand mit der E 344 01 ein wahrlich interessanter Einzelgänger: Die AEG schlug seinerzeit der DB vor, aus den Teilen der arbeitslos gewordenen Höllentalbahn-Loks der Reihe E 244 aus den 1930er-Jahren (die jene 50 Hz 20 kV-Stromausrüstung besaßen) eine neue Mehrfrequenzlok aufzubauen, wobei die AEG-Tandem-Fahrmotoren der E 244 22 und das Fahrwerk der E 244 21 weiterverwendet werden konnten. Bis Ende 1962 baute das Ausbesserungswerk München-Freimann an der neuen Maschine, bei der auch die Erfahrungen mit den gerade erst abgelieferten E 320 in die Konstruktion einflossen. Ansonsten bediente man sich bei dem Bau des Lokkastens und der sonstigen elektrischen Ausrüstung bei der laufenden E 41-Produktion.

Es entstand eine Lok, die man von weitem getrost für eine E 41 hätte halten können, wenn nicht die ungewöhnliche Lüftergitterreihe und der markante E 44-Brückenrahmen gewesen wären. Wie die drei E 320, wurde auch die 100 km/h schnelle E 344 01 in Saarbrücken beheimatet und zwischen Forbach, Überherrn und Saarbrücken eingesetzt. Besonders beliebt war diese Lok nicht, die aufgrund ihres hohen Gewichts, schlechten Anfahrverhaltens und mäßigen Laufeigenschaften fast nur vor kurzen Übergabefahrten im Güterzugdienst verwendet wurde. 1968 erfolgte ihre Umzeichnung auf die EDV-Nummer 183 001, doch bereits im August des Jahres entschied man sich nach einem eher unbedeutenden Rangierunfall zur Abstellung der Lok. Sie wurde daraufhin in München-Freimann zerlegt.

Am 9. Mai 1960 wurde E 320 21 in Betrieb genommen. Wenige Tage bestand noch die Gelegenheit, die Lok auf der mit 20 kV / 50 Hz elektrifizierten Höllentalbahn zu testen, bevor hier die Angleichung an das übliche DB-Netz erfolgte. Auf dieser Aufnahme hat die Lok eine sehenswerte Wagengarnitur am Haken, während sie den Bahnhof Posthalde verlässt.

MIT EINIGER Verspätung wurde die der Nummer nach eigentlich erste E 320 01 am 23. November 1960 abgenommen. Die von Krupp und AEG gebaute Lok besaß lediglich eine Niederspannungssteuerung und war mit einem ölgekühlten Kerntransformator ausgerüstet. Um 1965 baute AEG ihr komplett neue Gleichstrommotoren mit geblechten Polen ein. Als 182 001 war sie bis 1977 im Einsatz und wurde als erste der E 320 ausgemustert. Nach zwei Jahren auf dem „Lokfriedhof" in München-Freimann wurde die Maschine 1979 nach Essen überführt, wo sie bei Krupp zu einem Erprobungsträger umgebaut werden sollte. Am 20. März 1979 machte sie hier einen noch recht guten Eindruck. Auffällig ist, dass die Lok nur einseitig ein Maschinenraumfenster besaß, auf der hier zu sehenden Lokseite ist an dieser Stelle ein Lüfter eingebaut.

E 320 11 WURDE VON Henschel (mechanischer Teil) und BBC (elektrisch) gebaut und wurde am 21. September 1960 in Dienst gestellt. Sie erhielt einen in Dreischenkelbauweise ausgeführten ölgekühlten Transformator und eine Hochspannungssteuerung. Noch 1978 wurde die nun als 182 011 bezeichnete Maschine bei einer Flankenfahrt beschädigt und anschließend als erste E 320 ausgemustert. Am 3. September 1977 steht sie mit einem stattlichen Ganzzug aus französischen Selbstentladewagen im Bahnhof Forbach, den sie gleich über die Systemtrennstelle bringen wird. Bevor es los geht, muss aber zunächst die 181 223 passieren. Diese damals noch fast neue Zweifrequenzlok von 1975 ist in der Entwicklungsgeschichte bereits die „Enkelin" der vergleichsweise betagten E 320.

E 320 21 WURDE VON Krauss-Maffei (mechanischer Teil) und Siemens-Schukkert (SSW, elektrischer Teil) gefertigt und als erste E 320 dem Betrieb übergeben. Auch sie besaß einen in Dreischenkelbauweise ausgeführten ölgekühlten Transformator und Hochspannungssteuerung. Als 182 021 erhielt sie im Sommer 1978 sogar noch eine Untersuchung im AW Opladen, bei der sie ihre Regenrinne verlor und ein grünes Dach erhielt. Am 24. April 1982 ist die Maschine in ihrer langjährigen Heimat Saarbrücken zu sehen. Sie galt als die zuverlässigste der drei E 320 und stand noch bis Oktober 1982 im Einsatz, bis sie im März 1983 verschrottet wurde. Da die Lok zuletzt nur noch im Güterzugdienst verwendet wurde, erhielt sie nie die UIC-Dose auf der Front und auch keinen Zugbahnfunk.

1979 SUCHTE DIE AEG einen preiswerten Versuchsträger für eine Eigenentwicklung einer neuen Drehstromtechnik als Alternative zur teuren Lösung, die in der Baureihe 120 gefunden wurde. Die abgestellte 182 001 bot sich an, welche ohnehin seinerzeit unter Beteiligung der AEG enstand. Krupp war aber nicht bereit, den Umbau durchzuführen (siehe Seite 132), so dass das AW München-Freimann die Lok später vollständig umrüstete. Während die „neue" 182 001 äußerlich „nur" durch einen schwarz-beige-roten Lack auffiel, wurde die Antriebsanlage komplett umgekrempelt. Von 1981 bis 1987 wurde die Lok ausgiebig getestet. Seit 1996 ist sie rollfähiges Exponat in der Außenstelle Koblenz-Lützel des DB Museums. In Siershahn (Westerwald) wurde sie am 20. April 1996 präsentiert.

UNTER DER Verwendung der Drehgestelle und des Brückenrahmens der 1936 gebauten Höllentalbahnlok E 244 21 entstand 1962 die eher glücklose E 344 01. Den neuen Lokomotivkasten, der aus Gründen des Lichtraumprofils ohnehin neu gefertigt werden musste, baute Krauss-Maffei , während AEG die Elektrik zusteuerte. Im Gegensatz zu den E 320 mit Gleichstrommotoren besaß die E 344 Tandem-Wechselstrommotoren, die aus der E 244 22 stammten. In vielerlei Hinsicht wurden Anleihen an die E 41 genommen, doch verraten bereits die an den Drehgestellen befestigten Puffer und Kupplungen, dass es sich hier nicht um eine gewöhnliche Einheitsellok handelt. Das 100 km/h schnelle Einzelstück erhielt 1968 die neue Nummer 183 001, schied aber bereits 1969 nach einem Schaden wieder aus und wurde verschrottet.

Die ganze Welt der Eisenbahn.

ISBN 978-3-7654-7019-6

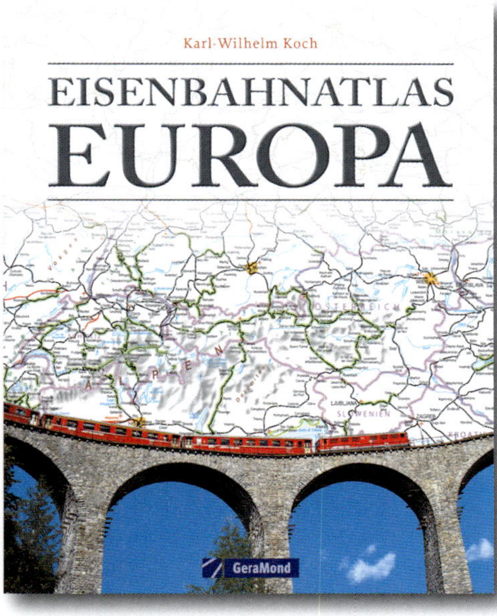

ISBN 978-3-86245-120-3

ISBN 978-3-86245-130-2

ISBN 978-3-86245-129-6

GeraMond

www.geramond.de

E10. Entwurf Krauss-Maffei

Blatt 1